鹿鸣心理

鹿鸣心理

心理咨询师系列

[美]哈伊姆·温伯格 著

佘绍灼 译

他人在场时的孤单

网络团体的悖论

THE PARADOX OF INTERNET GROUPS

ALONE IN THE PRESENCE OF VIRTUAL OTHERS

重庆大学出版社

序言

　　这本书的书名是《网络团体的悖论：他人在场时的孤单》。虚拟（网络）团体的典型悖论是什么呢？实际上这里不止一个悖论：我在这里，在房间里，在电脑上写作，还是在网络空间参加一个团体讨论？我超然物外，不受触动，远观互动，视之为虚幻；还是深受感动，参与其中（甚至陷入其中），全神贯注，觉得互动如此真实？对于那些素未谋面之人，我是感到近在咫尺、亲密无间，兴致勃勃；抑或视之为陌生人，兴致索然，全然不同于面对面交流？我真的在乎这些千里之外的参与者，或者我只对未知文化感到好奇，抑或渴望一窥他人生活？

　　网络团体是矛盾的，因为上述问题的两个方面都让人感到很真实。我不仅可以在不同时间，无论是否参与网络团体，同时仍然感觉自己属于团体，身为团体的一员，我还可以同时感到既参与其中又不曾参与其中。我可以感受到我的个性，保持我的自我边界，决定对虚拟论坛进行多大程度的自我表露，同时感觉到我处于一张巨大的万维网中，沉浸在一个连接矩阵中，感觉我是包罗万象的环境的一部分。我孤身一人坐在电脑前，周围没有任何人，可我仍感觉和远方的人们团结一致，亲密无间。我并没觉得他们离我很遥远，因为我们同属于这个无边无际的游乐场/游戏团体的过渡/主体间空间。我觉得被限制，被剥夺，我无法看到与我交流的人的面孔，也无法触碰与我建立亲密（在线）关系的人，可我仍觉得通过这些连接，我超越了时空的限制。贯穿本书，我将展示一些常见的人际困境，在面对面的联系中只能得到一个非此即彼的解决方案，而在虚拟关系和在线论坛中找到了"兼而有之"的解决之道。

这本书是关于网络团体的，与朋友圈、QQ空间或其他社交网络无关。它谈论的是网络论坛、讨论组/群和邮件交流。有人可能会问，为何在社交网络蓬勃发展的当下写一本关于这些讨论组的书？答案很简单：我不是社交网络专家。我是团体（尤其是治疗团体）的专家。以我之陋见，我已经发展出了网络团体的专业知识。我同时认为，对数百万人仍有吸引力的讨论组和网络论坛与社交网络有着不同的动力（可能因为隐私方面的不同），也不会被朋友圈取代。尽管数百万人在这些网络团体中扮演着一种或多种积极的角色，体验到如同"真实"团体的感受和动力，但网络团体仍缺乏研究。揭示这一现象对于进一步探索社交网络动力也很重要。

20世纪90年代初，我开始参与互联网交流，那时互联网还被称为比特网，旨在为学术交流提供服务。几年后，网络团体引起了我的注意。早在人们利用互联网互动、开展电子商务和信息检索之前的1995年，我就开始创建了我的团体心理治疗论坛。当时，我不曾想过它会把我带到哪里。互联网还很年轻，我对团体心理治疗的兴趣也在增长。我当时生活在以色列，错过了在其他地方学习团体工作的机会，于是便想这或许会是个好主意——利用新技术开一个论坛，让同行们讨论他们各自感兴趣的领域中的议题，相互学习。我对科技驾轻就熟，这对一个心理学工作者来说很不寻常，因为我有电气工程师的背景。结果令人惊讶：几个月内，在没有大量广告仅凭口碑相传的情况下，数百人加入论坛，其中许多人是团体心理治疗领域耳熟能详的书籍和文章的作者。很快，我们拥有了来自30个国家的400多位订户（尽管75%来自美国）。这似乎意味着，同行们真的需要这样一个可以沟通的网络平台。

随着电子邮件的不断累积，讨论从专业问题扩展到个人和人际问题，我开始感到奇怪和惊讶：邮件交流上的历程让我想起了和我常规地面治疗团体中类似的动力。团体凝聚力之高，出人意料，就像一个小型团体，人们对我这个团体管理者（如果这是正确的术语）的态度让我想起了我在地面团体某些阶段遇到的理想化。在推出团体心理治疗论坛一年半之后的1997年，我第一次来到纽约参加AGPA（美国团体心理治疗协会）会议，大家向我表达了钦佩之情（这让我感到惊讶和尴尬），称呼我是为团体治疗师开发了一种"独创"交流方式的"以色列天才"。我很清楚，其中有许多投射。我逐渐意识到网络论坛就是一个团体，其中的一些动力类似于小型治疗团体的动力，一些动力让人联想到大型团体的典型历程，还有一些动力与源自网络心理的潜意识方面有关。伴随我作为这个讨论组（或论坛）的带领者努力前行——在促进、带领和主持讨论之间来回穿梭——我开始加深对这些论坛及其带领者角色的理解。

如上所述，我从1995年开始一直管理我的团体心理治疗论坛。最初的几年里，我一旦了解到论坛与团体的相似性，我就更加关注它和小型团体的相似性，我把这些相似性记录了下来（Weinberg，2001），并据此带领团体。后来，我渐渐明白了网络论坛和地面小型团体有何不同。我发现它更像一个大型团体，虽然是黑暗中的大型团体。最近，网络团体不同于任何地面团体的典型特征日益凸显，这迫使我建立不同的方法来承担好网络论坛带领者的角色。

我仍觉得自己是形单影只的先锋。于是，在我发表第一篇关于论坛动力的论文之后的2002年，我受邀出席一个以色列心理健康专家会议，他们每个人都带领了一个网络论坛。许多人都在主持向公众开放的心理问题论坛，而我主持的是专业人士讨论小组，不过这不重要。令人惊讶的是，我们都在应对类似的困难，努力找出论坛动力并试图使之缓和。我们专门建立了论坛来交流领导网络团体的相关技术。显然，他们的主要困难在于"巨魔"（指的是在网络社区发布煽动性和不相干信息的人）。我们创造性地尝试对这些人进行自我心理干预。今天想来，我可以看到这些难以处理的论坛参与者和一个团体中所谓的"难缠的患者"之间的相似之处。几年来，这个"网络论坛管理者"论坛成了我的参照组。我从这些互动中得出的主要结论是，带领一个网络论坛需要掌握充分的关于网络心理学和论坛动力的知识，还需要团体治疗师具备心理敏感性、知识和技能。

谁应该读这本书？在某种程度上讲，每个人都该读一读，因为这本书所写的与现代环境息息相关。不过，也许不同的人群，出于不同的目的，应该戴上不同的眼镜走进此书。想要与时俱进的心理治疗师，可能有兴趣了解网络团体对组员的吸引力来源。那些只习惯地面治疗的人可能会惊讶地发现网络连接的影响力一点也不弱于"现实"生活中的互动。团体治疗师会发现网络论坛中描述的历程和他们的地面团体之间有相似之处，从而可以扩大他们对团体历程的理解。团体分析师将乐于见到福克斯及其追随者的理念在新的关系世界中的应用。团体历程的学习者一定会从本书描述的普遍又独特的团体动力中有所收获。参与虚拟团体的人希望了解他们和网络虚拟朋友们之间正在发生些什么。或许，那些每天都使用网络并好奇是什么让他们每天上网的人也应该读一读本书。简言之，这本书为那些对这一特定知识感兴趣的人而写，或许他们正准备带领网络团体，或许对一般意义的团体，特别是团体分析感兴趣，抑或只对互联网及其广阔空间背后隐藏的东西感兴趣。

本书某些部分的前一版本囊括在了我在曼彻斯特城市大学读书时，由艾丽卡·伯曼和伊恩·帕克指导的聚焦于团体文化和网络潜意识的博士论文，但大部分内容都是新的。

第一章介绍了互联网的主要用途，以及我对这些用途的担心。我强调了人类对于连接的普遍需要，并认为一切都与关系有关。我也关注了归属需要和关系约束之间的悖论。

第二章介绍了团体分析的参考框架，以及我在本书中如何将这一理论作为一种定性研究工具来探索网络团体的历程。我认为除了众所周知的镜像神经元外，还有"图像"神经元的存在，它与面对面互动中的镜像和共情有关。此外我还讨论了网上共情的缺乏和在线团体中令人惊讶的关怀。

第三章，我研究了文化，认为它无处不在，还构建了我们意识之外的思维。我还研究了文化和团体的关联。在互联网上，"自我感"（me-ness）和"我们感"（we-ness）的文化造就了我们称之为"间性存在"（in-betweeness）的内容。

第四章重点介绍了在场的意义，特别是线上的在场。其对团体和在线关系可能的影响也有讨论。

第五章的主要议题是边界，因为网络空间是一个巨大的无限空间。我认为互联网的松散边界创造了一个会泄漏的容器，所以需要带领者在场。

第六章描述了网络论坛的动力，试图展示这些动力之间的异同，以及与小型团体和大型团体动力之间的异同。

第七章聚焦社会潜意识、网络潜意识的可能性以及两者之间的相互影响。我探讨了网上发展的不同类型的无身体的亲密（我称之为"网密"）和互联网上的多元文化主义。

第八章由我与拉维特·劳夫曼合著，讨论了亚隆的疗效因子及其在网络团体中的存在。在我们看来（由研究支持），大多数小型团体中的典型疗效因子都可以在网络团体中找到。

在总结主要研究成果时，我们探索和讨论了最终的结论，同时提出了未来的研究方向。

最后，希望你们带着喜爱阅读这本书，就如同我带着喜爱写作它一样。

目录

第一章

一切源于关系

互联网的普及与传播

1995年12月，全世界有1 600万人使用互联网，占当时世界人口的0.4%。2010年6月，据估计有19.66亿人在使用互联网，这相当于世界人口的26.7%。这意味着使用互联网的人数在15年内增加了约122倍。使用互联网的人数似乎正在加速增长，它对日常生活产生了巨大的影响。在一些地域，如北美，2000年—2010年的增长率为146%。在非洲，这一增长率估计为2 350%。这种现象造成的影响有些是直接和清晰的，有些是微妙和隐蔽的。

英国广播公司2010年的一项民意调查发现，全世界近五分之四的人认为上网是一项基本权利。这项调查是在26个国家的27 000多名成年人中进行的。像芬兰和爱沙尼亚这些国家已经规定了上网是公民的一项人权。2011年，联合国也裁定上网是一项人权。

事实上，我们不需要这些统计数据来了解互联网在全世界范围内的普及程度，也不需要这些数据来让我们相信互联网在世界各地人们生活中的重要性。我们可以本能地感觉到网络对我们日常行为的影响。比较难以察觉和理解的是，网络空间以更深、更微妙，有时甚至是潜意识的方式侵入我们的大脑。

使用互联网的三个领域

互联网活动和使用可以分为三大领域：信息、交易和互动。

信息是关于数据的。当我们使用互联网作为信息来源时，它实际上是一个巨大的数据库，我们可以出于我们的目的从中检索相关的信息。无论我们是查看谷歌地图寻找方向、查看天气、在线阅读新闻、在维基百科上搜索有关苏格拉底的信息，还是搜索有关团体治疗的学术文章，我们都将互联网视为一个存储了千兆字节信息的硬盘。通过这种方式，互联网实现了阿西莫夫想象中的"马尔蒂瓦克"[1]，它积累了一代又一代人的每一点信息。

这种互联网应用的主要难题是找到相关信息，区分重要数据和不准确或无关紧要的数据，以及在信息洪流中不迷失方向。互联网在这方面的优势显而易见：它为我们节省了大量的时间和精力。我们不用去图书馆花几个小时寻找一篇文章，不用等待报纸送到我们的门口来阅读新闻或者保存该地区所有城市的地图，现在我们可以通过上网点击鼠标来检索并获得数据。

交易包括商务和商业活动，也称为电子商务。很多时候，这些活动是正式的，并且涉及使用各种类型的机器。这里有一些例子：检查银行账单，支付账单，购买机票，或注册会议。这样使用互联网节省

1　Multivac，音译为"马尔蒂瓦克"，是美国科幻小说家艾萨克·阿西莫夫（Isaac Asimov）在1956年出版的短篇小说《最后的问题》（*The Last Question*）中提及的一台超级电脑，它几乎无所不知、无所不能。——译者注

了我们的时间和精力。从供应商的角度来看，互联网具备极大的优势。一个寂寂无名的小镇上的小公司可以接触到成千上万的客户，这是他们在互联网出现之前做梦都不会想到的事情。大公司可以节省很多钱，用自动交易代替人工销售；银行员工可以减少，因为许多服务可以在网上完成。然而，由于传统的商业战略正在输给新的、非传统的策略，所以企业必须足够灵活才能在网络空间中生存。事实上，越来越多的商业交易以这种方式进行，据估计，2011年美国电子商务和在线零售销售额达到1 970亿美元，比2010年增长12%。

这类活动的主要问题是保密性。因为我们的私人财务信息可能被窃取，所以我们需要使用密码、受保护的网站和其他技术来保护我们的隐私，防止身份被盗。

互动构成了本书中我们感兴趣的领域。写电子邮件给朋友，在网络论坛和发邮件与人沟通，在约会网站上发帖，使用微博等社交网站，乃至写博客或在某人博客里发表评论，或上传视频到网上，所有这些活动都涉及思想交流，与人联系，关注人际关系。其他两个互联网应用领域（即，信息和交易）受到了利弊平衡的评价，有人支持，也有人反对（大部分时间看来，优点多于缺点），但是用互联网进行互动的各种方式，通常会受到负面评价。这些负面评价并非来自互联网的狂热用户（他们的人数呈指数级），而是来自学者、作家、研究人员和记者。

对使用互联网的批评和担忧

我们可以找到大量批评互联网及其典型关系的文章。它们被命名为"虚拟关系"，"浅薄而不真实"。人们说，"没有什么比得上面对面的互动"。作者想知道我们怎么会从18世纪高度受人尊敬的写信艺术，退化到现如今这种快速、冲动、一句话回应的电子邮件，或者更糟的是，在发短信的时候，为了更高效，将原来的单词都缩写了（例如把 you 缩写成 u）。如上所述，这种批评不仅局限于网络交流，还包括在 21 世纪变得如此流行的所有形式的电子通信。它通常来自老一代人，在他们成长的年代里，万维网（英语缩写为 www）还只是在阿西莫夫的科幻小说中的幻想（如上文提及的，马尔蒂瓦克）。这种批评针对的是那些年轻人，他们出生在一个视手机为理所当然的世界里。

这里有一个例子，一篇发表在 2010 年 8 月 8 日《华盛顿邮报》（Shapira，2010）的文章写道："一个电子邮件的时代，紧随其后的还有数量激增的短信，它们使得电话交谈的数量大大减少，导致婴儿潮世代和千禧世代[1]之间产生了新的张力。"作者甚至对年轻人过度使用手机短信作出了心理学上的解释："……手机通话的即时性剥夺了他们的控制感，而这种控制感正是他们在短信、电子邮件等可能较为不亲密的互动方式中获得的乐趣。"

显然，这种沟通偏好的差异在年轻人和他们的父母之间造成了明显的认知鸿沟。"你是什么意思，你在网上有 300 个朋友？"我听到一位父亲问他的儿子。"如果你并不真正了解他们中的大多数人，那么这样的友谊又有什么意义呢？当你需要帮助的时候，这些'朋友'会像真正的朋友那样来帮助你吗？"这些父母和四十岁以上的人似乎忘记了，他们在青少年时期也曾有过同样的误解，虽然是关于其他问题，我父亲曾经问我："你在对她的父母或家人一无所知的情况下准备要稳定下来了？这怎么可能呢？"

有些作家甚至说，自从邮政服务发明以来，没有其他事情能像网

1　婴儿潮世代，指第二次世界大战后 1946—1964 年出生的美国人。千禧世代，人口学家用来描述出生于 1980—2000 年的一代年轻人。——译者注

络这样彻底地改变了我们彼此之间的联系方式。问题是，这场革命是积极地改变了关系，还是对关系的质量产生了恶劣的影响。一方面，我们可以指出，这种通过电子邮件、网络论坛等在线社交网络进行联系的方式，是适应一个碎片化、动态变化的世界的最佳方式。它使我们每天能见到的人从屈指可数增加到数百人。它消除了我们社交网络的时间限制。通常，在面对面的世界里，我们把大量的时间花在有限的朋友身上（有些人估计，我们有限的社交时间中有40%花在了5个朋友身上）。在网络空间里，只要愿意，我们可以和任何人"交谈"。诚然，投入关系上的时间决定了关系的深度和质量，所以很多这种"发短信的关系"可能都不是很深入。

事实上，关于网络关系对用户影响的研究结果并不十分一致。以克劳特等人（Kraut et al., 1998）的一项研究为例，该研究显示了互联网使用与社交关系的衰退和孤立感之间的相关性。正如你所料，他们发现，伴随着更多地使用互联网，社交参与度有小幅度但统计上显著的下降，孤独感有所增加；这里的社交参与度和孤单感是通过与家人的交流和当地社交网络的规模来衡量的。

那篇论文的标题是"互联网悖论"，因为尽管互联网被广泛用于交流，但它却使人们更加孤独。根据这项研究，很少有在网上发展起来的牢固关系，大多数人利用互联网来维持线下的关系。到目前为止，这项研究似乎符合许多学者的批评和期望，他们声称更多的互联网使用会导致更少的人际联系。但是当克劳特等人在4年后（2002年）重复他们的研究时，他们发现互联网对社会和心理健康有积极的影响。不出所料，这种影响在性格外向和社会关系更密切的人身上表现得更为明显。

事实上，关于互联网对人际关系影响的最新结论（见2013年10月和2011年9月）是，尽管早期的研究表明，使用互联网会导致反社会行为，但后来的发现表明，参与在线社交活动有积极的一面。显然，网络或在线社交网络可能会增加一个人的社交便利、离线关系的广度和深度，以及他们的整体"社交资本"——通过与人的关系而积累的资源。

公众对互联网风险关注焦点的转变

在互联网时代和使用电子邮件交流的初期，心理学家们认为，它将被证明对社交恐惧者或害羞的人有积极作用。他们认为，这种典型的匿名化交流方式，将帮助那些自尊心较弱的人克服人际关系上的困难。所以，当预测积极的结果时，他们通常会将研究对象局限在这些问题人群中。这种观点显然是短视的，是完全错误的。心理学家在预测技术/社会革命的结果方面不太擅长，而这已经不是第一次了。

作为一个团体心理治疗师，这个错误的假设——误解了人类的动物本质和网络交流潜在的深层含义——让我想起了关于谁适合团体治疗的错误观念：假设它只对有社交恐惧症或缺乏社交技能的人有益，这个假设在只从事个体治疗的治疗师中仍然很普遍。这个假设与人类问题的多样性毫无关系，而这些问题是可以通过团体得到解决的。

同时，当从心理学的角度评估网络的危险时，对于制造假身份、网络成瘾、放弃在现实世界的社会交往这些问题的担忧，过去存在，未来也将继续存在。请注意，这些作者将负面影响与连接到网络空间相关联，他们得出的结论是，发展出来的病态将会超过已经"治愈"的病态。例如，为创建新的《精神障碍诊断与统计手册（第5版）》而成立的一个工作组探索了与物质相关的障碍，并建议诊断类别包括物质使用障碍、非物质成瘾和其他成瘾类行为障碍，如"网络成瘾"。

他们最终决定，如果积累了足够的数据，这些分类会被视为这类诊断的潜在补充。

我们可以通过持续观察父母对孩子使用这个"怪物"的担忧，来追踪他们对互联网使用的恐惧的发展和变化。在社会关注互联网使用的历史发展中，我们可以确定两个时期。在第一个时期，一直持续到2005年左右，作者们更担心的是网络滥用（以牺牲其他社交活动为代价的过度使用网络）。这一时期始于视频游戏的过度使用（请看1982年流行的科幻电影《电子世界争霸战》）之后，它的危险似乎是，孩子可能会不知不觉地陷入一个幻想的世界，整天玩游戏《龙与地下城》，利用互联网来隐藏他们的真实身份，因此学会了欺骗和谎报他们的真实自我，或变得困惑于他们自己是谁。

在当时有一本网络心理学的重要著作，《生活在屏幕上》（*Life On the Screen*，1995年出版），作者谢里·特克是一位社会学家和心理学家，她研究精神分析和文化，在这本书中她尽最大努力说服读者，情况恰恰相反，网络中没有危险。她声称在电脑幻想游戏中假设不同的个人身份可能会起到治疗作用，因为这是一个体验多重自我的机会。这个关于多重自我的想法是由关系精神分析学家阐述的，如史蒂文·米切尔等人。她声称，没有其他环境可以提供这样的实验。在"现实"世界中被认为是病态的（例如，分离性身份障碍或精神变态），在网络空间中是完全正常的。

第二个时期是在21世纪第一个十年的后半段，人们对互联网的关注发生了转变，或许是随着脸书的大规模使用（脸书于2004年推出，并在2011年获得了8亿用户）。人们越来越担心网络空间的"黑暗面"，比如容易接触到色情内容、被针对儿童的犯罪者所利用以及其他安全问题。如果这十年前半段更多担忧的是作者的真实身份不详，对个人信息过于保密，导致在网络空间里创建了"真相的错觉"或一个幻想世界。那么在后五年，人们的担忧则反了过来：缺乏隐私和被过度暴露于他人。家长们开始担心他们的孩子可能会在网上遇到危险的人，泄露个人信息，失去隐私。2010年11月9日《纽约时报》发表了一篇文章，呼吁通过一项"不跟踪"的法律，旨在让互联网用户告诉网站停止偷偷地跟踪他们的上网习惯，并且停止收集用户的年龄、薪水、健康、定位和休闲活动。在一个名为"看不见的敌人"的网络道德准则网站上，有这样一句话："社交网站和网络聊天工具是失去匿名性和人类欺骗的首要原因。"

事实是，年轻人在互联网上遇到的风险并没有人们通常认为的那么严重。由欧盟和伦敦政治经济学院共同资助的一个项目证明了这一点。该项目调查了来自25个国家的超过2.5万名9至16岁的欧盟儿童及其父母。研究人员（Livingstone，Haddon，Görzig，& Ólafsson，2011）发现，93%的9到16岁用户每周上网至少一次。59%的人在社交网络上有个人资料，26%的人说他们的资料是公开的，所以任何人都可以看到。然而，在网上受到恶意或伤害性信息的欺凌相对少见（6%），而孩子单独在线下约见新网友还是比较罕见（每12个孩子中只有一个人会这样。尽管对于一些家长来说，这个8%的比例听起来还是有点吓人）。接触色情信息更为普遍（尽管只有14%的调查者报告说在网上看到过明显带有性意味的图片）。有趣的是，父母们要么没有意识到，要么否认他们的孩子遇到了这些风险。在那些报告自己经历了这些风险的孩子中，大约有一半人的父母并没有意识到自己的孩子经历了这些风险。

目前大多数对互联网的批评都与隐私问题有关，并警告我们网络上的隐私可能受到侵犯。事实上，在线交流、社交网络和其他互联网工具的全球化使用，挑战了我们通常对于哪些信息应该被视为公共信息、哪些信息应该被视为私人信息的假设。一些网络安全和隐私领域的专家表达了一种极端的观点，认为隐私不存在："隐私已经死了——忘了它吧。"

隐私和信息保密的问题与精神治疗师密切相关，他们将其视为治疗的基本原则，即在治疗关系中创造安全感。团体治疗师对这个问题特别感兴趣，因为在一个团体中，不仅治疗师要保密，团体的每个成员也要保密。在某种程度上，相信团体中的其他成员不会使用自己在会谈中透露的信息，并严格保密，是基于一种相当天真的相互信任，更多的是基于信任一种没有测试参与者隐私是否得到保护的协议。这种想法是否提醒了读者，有些人天真地认为他们在互联网上的隐私得到了保护？在后面的章节（第五章），我们将更深入地探讨这些边界、公共领域和私人领域的问题，以及从团体分析的视角分析它们如何受到互联网的影响。

连接的需要

在我看来，许多学者和互联网的批评者都忽略了一个重要的问题：如果互联网是如此的危险，那人们为什么还会这样使用它？假设人们已经意识到它的风险——在媒体每天都申明互联网存在风险的情况下很难意识不到（提供网络风险警告和安全使用提示的网站数量巨大）——为什么他们仍然暴露在这些风险中呢？我们可以假设他们意识到了并采取了正确的措施来降低风险。即使这是真的，至少有一种可能的含义，即在互联网交流中一定有某些东西能够满足许多人的深层需求。

那些声称网络连接是肤浅和虚拟的人忽略了一个重点：它是关于关系的。我们是否建立了深层的关系以及它们有多真实，其实并不重要。关键的问题是，我们迫切需要连接，需要处于关系中，需要有归属感，感觉到我们是某个社区的一分子，或者是某种比我们更宏大的存在的一部分。而互联网提供了一个动动手指头就可以和世界产生连接的错觉。当涉及连接、支持系统和归属感时，没有任何其他工具能够如此快速和轻松地满足这些需求。

人与人之间的连接是人类的基础需求，从婴儿期开始，永不终止。依恋理论认为，我们从出生起就依附于照顾我们的人，并且需要这种情感纽带。这个动机系统同时也是负责在成人之间发展亲密情感关系的纽带。最近的神经生物学研究发现，我们的社会关系是紧密相连的。科佐利诺（Cozolino，2006）揭示了我们的大脑是如何作为高度社会化的有机体来构建和运作的。他阐述了从出生前到成年期大脑系统的结构和发展如何决定我们怎么样与他人互动。人类的大脑和神经系统是通过我们特定的基因和相关经验的相互作用，一个神经元一个神经元地建立和塑造出来的。从1992年镜像神经元的发现开始，过去的几十年里，神经科学的研究开始激增，改变了我们对人类本质的假设。我们本来强调的是"人即他人之狼[1]"，以及在心理学上更关注侵略和竞争，但现在我们转而强调人类系统中的合作和利他行为，即我们认为人类有一个社会性大脑。科学家和学者们不再谈论"自私的基因"，而是谈论"利他的基因"，并且，我们现在强调的不是大脑中参与攻击行为的部分，而是共情的部分。

据报道，现代社会的生活越来越疏离和脱节，这是不言而喻的。西方国家强调金钱和物质产品，许多家庭四分五裂，生活在拥挤的大城市，由于工作压力而频繁搬迁，以及许多其他因素，包括手机文化中社群主义价值观的削弱，都导致了社会支持系统的丧失和人们的孤

1　源于霍布斯的《论公民》的卷首语：人即他人之狼（Homo lupus homini），意思是人与人之间普遍存在竞争和危险。

单感。作为内在互通着的人类，我们经常感到严重的脱节，我们迫切需要社区。

20世纪70年代，基于人本主义心理学理论，强调当前体验、连接和人类全然实现的会心和感性培训团体在美国蓬勃发展，作为对社会疏离和缺乏真实人际连接的回应。它们基于这样一个前提，即个体可以通过与他人建立有意义的连接，从而让自己的人生态度和人际关系作出积极的改变。在一个以牺牲人际关系为代价追求个性和物质／经济成就的社会里，这些团体吸引了许多渴望连接的人。他们的影响不只在去埃萨伦（Esalen，非营利性的静休中心）或参加这些团体的人身上，而是成为当时的一种文化现象（反映在1969年的电影《两对鸳鸯》中）。这些团体背后的前提对其他团体的影响是有迹可循的，例如大多数治疗团体对此时此地的关注，以及现代团体分析方法中即时性的理念。

互联网上的连接是现代社会中解决人类孤立感和疏离问题的新答案，也确实是帮助人们满足关系需要的好答案。我们很容易感到和远在他乡的朋友（通过电子邮件和社交网络）或者共同爱好者（通过论坛、讨论组／群）连接在一起。处于大洋彼岸的人们对请求或问候的快速（有时几乎是即时的）回应会将时间和空间融合在一起，创造出即时性的错觉。能够与我们因为搬家而失去联系的人再次保持联系，可以缓和失落感。在一个以移民和人口流动为特征的世界里，互联网为缓解搬迁带来的心理不适提供了一种解决方案。如前所述，在互联网上写作和连接的感觉就像是世界就在你的指尖，这样一来，用一种夸张的（有时甚至是万能的）参与世界的感觉取代了疏远。

一项有吸引力的、广泛传播的、成功的科技应该把它的目标定为：打造一个响应我们愿望的世界，来取代一个对我们的愿望漠不关心的世界。科技应该被视为仅仅是自我的延伸。我们需要工具来与我们合作，以恢复能控制事物的错觉，这种掌控感在自然界中本质上是不可能实现的。这就是为什么当我们的电脑崩溃时，我们有时会感到轻微的沮丧。互联网成功地将一个充满狂风暴雨和苦难、损失和心碎的世界转变成一个相互支持和连接的世界。它还成功地将一个脱节和孤立的世界转变为一个有归属的世界。这并不意味着我们在网络空间的关系中不会遇到困难。相反，我们可能会误解很多信息，把我们的内心世界投射到文字上。我们可能会面对网络论坛上的激烈争论和"巨魔"。但我们仍然觉得，与面对面的交流相比，我们可以更多地控制交流：至少我们可以关掉电脑上床睡觉……

关系及其约束

每一段关系都会让当事人失去一定程度的自由。这种失去自由的范围，小到有些时候当你想去别的地方时，却不得不花时间和某些朋友在一起，大到在恋爱关系中只和一个伴侣进行一夫一妻制的性生活。我们知道，有些人很难维持一段长期的关系。在这样一段关系中需要的承诺对他们来说太多了，对失去自我或自由的恐惧压倒了他们对连接的需求。还有一些人不愿正式加入任何组织、协会甚至社会，因为他们担心这种承诺会"奴役"他们，使他们无法自由地做自己想做的事。事实上，属于任何正式的团体通常意味着遵守它的规则，符合它的规范。这是人际关系中常见的困境，从某种程度上来说，也是相当正常的。

事实上，正如麦肯基和利夫斯利（MacKenzie & Livesley，1983）在他们的团体发展模型中所述，这是我们在任何治疗团体开始时都可以预料到的焦点冲突之一。在这个阶段，每个成员都要面对的问题是参与，从而拥有归属和融入感；还是不参与，从而感到孤独和不合群。

每个团体成员都有解决这个问题的方法，这反映出他们在未参加团体之前是如何处理问题的。

真正的问题不是你是否失去了独立性，而是你在多大程度上放弃了一些自由以及你得到了什么。一个常见的错误是将困境定义为一个"非此即彼"的问题，一个"有或无"的问题。这个错误是基于对自由的严格（可能不成熟）定义，即没有任何义务、责任和职责。根据这个定义，自由就是在任何时候做任何我想做的事，而不考虑任何后果。这个前提得出这样的结论："自由就是完全的孤独。"一种更成熟和平衡的关系观会考虑另一方伴侣的观点（一种主体间性的方法），理解到正是承诺确保了安全：令人惊讶的是，当另一个人准备放弃一些自由和作出承诺时，由于安全依恋，会感觉到更自由。同样的观点也适用于组织和社会：规则和规范创建了一个安全网，使群体成员感觉受到了保护。那些过于担心在亲密关系中失去独立性或自由的人通常忘了他们在这种关系中得到了什么。

互联网允许不那么忠诚的关系。事实上，它让人们产生了一种错觉，认为自己可以控制自我承诺的程度。当我们与他人在网上交流时（除非我们使用视频对话），我们在屏幕上看不到对方的脸，这一事实总是涉及更多的投射和更多的边界问题。不利的方面是，它可能导致对他人的非人化和非个人化印象，以及诸如欺凌、愤怒和麻木等现象。积极的方面是，它可以帮助我们更少地感到内疚和约束，毕竟关系不是真的很深，因此允许我们良性地偏离或违背错误的社会规范。尽管这听起来很奇怪、很矛盾，但从深层次和长远来看，关于日常非承诺关系中的"正确"行为的社会规范，可能是非常不利于人际适应的。尽管从表面上看，人们在超市里用"你好吗？"向我问候时有利于营造一个良好氛围，但这实际上是一个肤浅的问题，毫无意义，它只是出于社会共识才提出的。从长远来看，我们所戴的彬彬有礼的面具，作为社会角色的一部分，会粘在我们脸上，进而创造出一个部分虚假的自体。网络交流让我们不必总是戴着这个面具，这也是它的魅力所在。

同样的自由感也适用于团体、协会或社区的归属问题。我们期望团体成员能稳定、持续地参与到他们所属的团体中。一个教会成员他每个星期天都来做礼拜，然后却无端消失了一个月，这将会引起其他教会成员的担忧或愤怒。对于治疗团体来说也是如此，那些不遵守持续在场规则的人（很多时候团体协议对此有明确要求）会被其他团体成员强迫回到正常状态，因为他们扰乱了稳定和安全感。在网络论坛、讨论组／群中，这种持续参加会面的压力不复存在。当然，互联网上没有"会面"，成员可以来去自由，可以阅读和书写，只要他／她想这样做。随着时间的推移，许多人参与网络论坛的程度就会发生变化。那些经常在网络论坛上发帖的人，在某个时段被生活琐事占据了时间，可能会暂时退出论坛。然而，他们仍然觉得自己是这个团体的一部分，并且当他们再次发帖时仍然会受到热烈欢迎。这再次说明，网络交流中控制参与的程度不仅是可能的，而且更容易被接受和期待。事实上，当我们讨论网络团体的动力时，我们会看到，这是面对面团体与网络团体的区别之一。网络论坛参与程度的变化就是网络论坛本身存在的一部分。经常发帖的人有时会成为潜水者（一种网络表达，形容作为一个被动观察者），之后在论坛中变得更加活跃，也没有任何问题。他们的暂时消失不会像在面对面团体或治疗团体中那样对团体造成干扰。

互联网团体反映了一种冲突，即需要将自己体验为一个有主见和控制的自治主体，与需要妥协之间的冲突（Ghent，1999）。西方文化注重更多的个性化，并提倡自主、独立、差异化—个性化、个人自治和责任等价值观。虽然这些价值观很重要（尽管在文化上存在高度的偏见），但更重要的是，不要忽略随之而来的代价：孤立，缺乏意义，异化和空虚的体验，或忽视我们都需要妥协，需要体会到并不是所有事都由我们决定，并且在我们之外有善意的力量，我们可以信任它，可以放下自己：一种我们与他人和宇宙相连的感觉。参与并投入网络论坛和网络社区肯定会帮助个人感受到与他人和宇宙的连接。

在此我们先简短地提及一下关系中的边界和连接中的自我意识的议题，关于自由和承诺的问题，我们将在稍后讨论团体和互联网边界时再次探讨。为了感受我们的个性和不同，特别是当我们进入一段关系时，我们都需要边界（从身体的、皮肤的边界到心理的、领土的边界）。在任何生命系统中，动态的边界，即在一个既不太严格又不太宽松的范围内波动的边界是最有用的。关系中模糊的边界会导致一个人失去自我和自由，而过于严格的边界会导致伴侣之间缺乏接触、隔离、没有交流，没有能量流动。许多人很难很好地调节和控制边界，并不一定达到病理性的程度，就像我们在边缘型人格障碍中发现的那样。互联网为我们提供了更容易控制的边界规则：只需要忽视电子邮件和信息，我们就可以切断那些对我们的边界和自我意识更有威胁的关系。当我们（有意识或无意识地）处理好自己的内部边界，恢复平衡，实现灵活的边界调控，我们就可以回到这些互动中来。

摘要和总结

网络连接和交流已经招致了许多学者、研究人员和家长的批评，包括担心失去个人身份、创造虚假自我和上瘾。在初期对互联网评论中，经常表达的观点是贬低在网络空间发展的任何关系，认为它们肤浅、不真实，并担心失去隐私。事实上，许多这样的担忧是没有道理的，但更重要的是，它们没有抓住互联网连接的真正本质和魅力。事实上，网络交流的一切都是关于关系的，而互联网是满足当前人们的连接和归属需求的方案。在我们这个以移民、搬迁、疏远和孤立为特征的现代世界，互联网为这些问题提供了完美的答案。

综上所述，与面对面的人际关系相比，互联网连接允许我们良性地调节与他人、与团体建立连接和对关系作出承诺的程度，你或许开始理解，这种新的与人互动的方式也有一些好处。

第二章

团体分析的参考框架

在这本书中，我用来理解网络团体的唯一参考框架是团体分析框架。团体分析（Foulkes，1975）不仅仅是一种治疗方法，它根植于社会科学。它是一种分析数据和观察世界的方式：它是一种研究工具。团体分析既是一种理论体系，也是一种方法论体系（Parker，1997）。它不仅适用于分析小的治疗团体历程，而且也适用于分析大的团体，如社区、种族群体，甚至社会。它提供了分析潜意识过程和更深入地了解社会和社区（包括互联网社区）的工具。在这一章中，我将描述团体分析如何从哲学、社会学和心理学多方面去阐明团体、文化和整个社会。

作为质性研究工具的团体分析

在20世纪，科学方法主导着学术研究。这种实证和量化研究（又称定量研究）强调客观性、中立性、测量性和有效性。近四十年来，实证主义的统治地位受到了挑战。对其主要地位的日益不满促进了各种方法的发展（Lather，1991）。其中之一便是质性研究（又称定性研究）。

质性研究可以被描述为试图获得对信息提供者所提供的意义和"对情况的定义"的深入理解，而不是对他们的特征或行为进行定量的"测量"（Wainwright，1997）。质性数据来源包括观察和参与者观察（田野调查）、访谈和问卷、文件和文本，以及研究者的印象和反应。在这本书中，我的数据是在网络论坛中往来的电子邮件的逐字稿。决定选择哪个小片段来说明我的观察结果，这取决于指导我的研究的团体分析理论框架。

亨特（Hunt，1989）让我们注意到主体性在研究中的作用。对亨特来说，研究过程是"诠释学的"——一种旨在加深对研究材料的理解的诠释活动。多年来，人们一直认为精神分析过于"主观"，不适合进行客观的检查。质性研究的出现将精神分析的观点重新提上议程，并加强了其作为研究工具的作用。主体性在精神分析的研究中至关重要。正如在许多质性研究中，主体性被精神分析学视为一种资源（和主题），而不是一个问题。在研究过程中利用自己的主体性并不意味着这个人不是"客观的"，而是这个人实际上更接近真实的描述（Parker，1997）。很有趣的是，主体性回归到精神分析研究的同时，出现了精神分析中的主体间性方法（Benjamin，1998；Mitchell，1993）；它强调精神分析学家的立场不是作为一个寻求真理的客观观察者，而是作为治疗互动中的一个主观参与者。

但古典精神分析作为一种研究工具也有其不足之处。它提出了许多关于人类经验本质的假设（如"潜意识""俄狄浦斯情结"和"防御"），并将它们视为绝对的真理。更重要的是：精神分析从个体身上寻找人类问题的根源，从而为潜藏的政治议程服务。将社会问题归因为源自内在心理驱动，有助于维持社会政治现状，保证文化主导力量的延续（Prilleltensky，1989）。它意味着改变来自个体的内省和决策，并且引发改变的刺激不是来自社会的。

发生在自我内部的过程和发生在个体外部但会对个体的他/她产生影响的社会、文化和政治过程之间的关系，是现代心理治疗的基本困境之一（Guigon，1993）。如果心理问题的根源在于个体而不在他/她的文化，那么社会和政治机构就可置之不论。如果问题的根源是个体，那么他/她就需要治疗。这种做法有利于维护社会秩序。因此，治疗强化了社会政治精英的利益。可能的结果甚至是心理疗法反而使得它原本要解决的问题永久化了（Sarason，1985）。

正如我们稍后将看到的，团体分析遵循了另一个方向：人际、团体、系统和社会导向。因此，它避免了精神分析的陷阱，即只寻找痛苦的心理原因。"团体作为一个整体"（Ettin，Cohen，& Fidler，1997）的思想，以及将个体的声音视为团体的声音，将焦点从一个人转移到许多人，从个体转移到组织和社会。个体与他/她的文化是不可分割的这一概念指明了变化的方向，这是基于对个体和组织之间的相互影响的观察和分析实现的（所有这些观点将在后面进行更详细的阐述和解释）。改变是通过创造一个抱持的环境，然后分析、理解和逐渐意识到团体和社会中的过程来实现的。

前面提到的研究范式从量化方法到质性方法的转变，只是20世纪晚期西方世界发生的更大的范式转变的一部分。这一变化体现在许多方面：从现代性到后现代性，从民族主义到全球化，从一个群体凌驾于其他群体之上的文化霸权，到多元文化主义的概念和对文化多样性的承认。我们将在后面看到，团体分析处理社会现象和过程，并将其与主观经验结合起来。因此，它是研究这些社会变迁相关问题的一个非常合适的工具。事实上，它是研究网络空间和理解互联网上的团体现象的合适工具。

从团体中的个体到团体分析

团体心理治疗整体的发展，尤其是团体分析的发展，与社会和自然科学领域的其他发展密切相关，例如第二次世界大战后生物学家冯·贝塔郎菲引入科学领域的通用系统理论（General System Theory，GST）。仅靠机械论的方法已不足以理解复杂的系统。根据冯·贝塔郎菲（1956）的观点，GST 致力于制定和推导适用于每一个常用系统的原则。系统被定义为一组相互作用的元素。虽然 GST 最初是从生物系统开始的，但它很快扩展到其他科学领域，包括行为、社会和心理领域（Buckley，1967）。社区精神病学方法、家庭治疗和团体治疗是这一发展的结果（Hill，1972）。GST 的一些假设对人类和团体的分析特别有吸引力。尽管不同的系统表现出各种各样的行为，但基本上它们都拥有一个共同的底层结构。变更发生在系统或子系统边界之间。粒子是一个更大整体的一部分，不能在它的系统之外进行分析，这一观点导致了以下观点——不能脱离我们所处的环境来研究个体，无论是家庭、团体还是社会。

派恩斯（Pines，1981）对团体分析的发展进行了如下描述：

> 新的科学范式促进了分析性团体心理治疗的出现，它是一种理论，也是一种技术，从研究单一的实体、物品、个体，转向研究一个实体和力场之间的关系，在这个力场里实体遇到了其他实体。……经典精神分析的心理器官模型是行不通的，因为它是基于一人的心理学。在团体心理治疗中，我们需要其他的模型，也许系统模型是行之有效的。(p.276)

对团体采用系统模型，将团体治疗从"对团体中个体的分析"转变为"团体分析"。这种范式不是对团体背景中的成员进行心理分析，因为团体不仅仅是一个背景，而是我们要分析的一个整体。如果没有对团体作为生命系统的更广泛理解，团体分阶段发展的想法（MacKenzie & Livesley，1983；Tuckman，1965），一些例如"团体作为一个整体"（Ettin，Cohen，& Fidler，1997），"母亲团体"（Foguel，1994； Scheidlinger，1974）的概念，以及大型团体作为研究社会系统的工具，就不会变得显而易见（Schneider & Weinberg，2003）。

派恩斯对上述团体分析的描述，提醒了我们精神分析中的关系方法的更新。"关系方法将关系矩阵的概念和自我与他人之间的关系网络，作为包罗万象的框架，各种精神分析概念容纳其中"（Aron，1996，p.33）。这意味着，治疗的重点是治疗师和患者之间的关系，以及他们如何对不断发展的治疗关系作出贡献。它意味着从"一人心理学"（治疗师对患者的投射、移情和抗拒感兴趣）转向"二人心理学"（在个体治疗中），所有这些经典概念都获得了不同的含义。

福克斯可以被视为关系型方法的先驱。早在关于个人（一元）和两人（二元）心理的区分出现在论文中之前，他就将团体分析定义为："通过团体来分析团体，包括其指挥者。"（Foulkes，1975，p.3）将指挥者（即团体分析师，这是福克斯学派的术语）包括在分析中，会引出这样的见解：团体治疗师的行为、思想、感情是团体历程的一部分。这是福克斯的观点，他认为治疗师不仅是团体的治疗师，也是团体中的治疗师，即治疗师/准团体成员。

有趣的是，比昂和福克斯，这两位英国团体心理治疗的先驱，在同一时间发展了团体作为一个整体的概念，尽管他们从来没有一起工作过，而且他们的理论非常不同。这些观点遵循了德国格式塔心理学的传统，认为整体不只是部分的总和。更进一步，他们认为，团体不仅仅是个体的总和，还提出（在当时）具有革命性的观点，即团体定义其成员，而不是成员定义团体。在大洋的另一边，在美国，特里甘特·布罗也做了类似的转变，从精神分析转到和团体工作，做了一种先驱性思考：社会性是人的本性（Hinshelwood，1999），并创造了"团体分析"一词，福克斯后来在他的作品中也使用了这个词。

团体分析从整个团体的角度来理解个体的行为，就像社会心理学从他／她所在的整个社会团体的角度来理解个体的行为一样（Mead，1968）。实际上，认为通过团体来改变个人行为，和认为偏差行为是在社会和家庭团体的背景下产生的，这两个见解是联系在一起的。如果我们想要纠正这个故障，我们需要回到原来的环境———一个团体环境。福克斯（1975）的"行动中的自我训练"概念意味着，个人对自己的理解是通过分析团体中的沟通行为里的移情得到的。它指的是在团体的过渡空间中"通过主体间的互动来自我发展"（Brown，1994，p.98）。此处依然存在一种危险：问题行为只会在团体中重复，而不会得到纠正。福克斯（1948）对这种可能性给出了一个回应。他认为，团体成员可以加强彼此的正常行为，纠正他们的神经质反应。他对团体的有利性质表现出了深深的信任，这在后来的几年里受到了批评（Nitsun，1996）。

从团体分析到社会历程分析

福克斯对诺贝特·埃利亚斯（Norbert Elias，1978）的社会学理论很感兴趣，并深受其影响。埃利亚斯将社会关联性置于核心地位，探索了个人和团体二分法背后的政治、哲学和心理力量，甚至还探究了这些力量在个人心智中是如何制度化的。派恩斯（2002）写道，埃利亚斯认为，社会的进化深刻地影响着个体的心理动力学。在总结埃利亚斯的方法时，他指出，随着个体将自己的行为文明化并抑制自己的冲动，个体内部的社会性力量会增强，心智结构也会发生变化。埃利亚斯所描述的文明化过程尤其涉及性欲能量，它被投入诸如饮食管理、废物处理、清洁，当然还有攻击性等活动中。社会逐渐垄断了暴力的制裁作用，而自我克制则得到了法律的保护这样的回报。派恩斯从投射优于内射的精神分析的优先性中，看到了埃利亚斯对团体分析的影响。

埃利亚斯写道："人类……是由自然创造的，为了文化和社会的发展"（1991，p.84）。继埃利亚斯之后，福克斯写道，"个体的微观世界重复并反映了他所构成的社会的微观变化"（Foulkes，1948，p.14）。所以福克斯认为个人是嵌入在社会中并通过社会产生的。团体分析的理论和临床基础是——在建立个体主体的过程中，社会和文化起到了核心作用：焦点从主体转移到文化。稍后我们将关注文化，并通过团体分析的镜头探索网络文化的出现，来继续阐述这一转变。

第二次世界大战期间，福克斯在英格兰中部的军事基地诺斯菲尔德担任精神科医生，其间他形成了自己的观点。在那里，他和其他几位同事治疗了遭受战争恐惧的士兵。诺斯菲尔德实验，正如我们后面知道的那样，成了团体心理治疗的转折点，大多数影响英国人对团体的看法的研究者（如比昂和艾兹瑞尔）都在那里发展了他们的观点。福克斯在这之后写了《团体分析性心理治疗导论》（1948）。有趣的是，早在1948年他就与团体分析在两个不同的方面产生了联系：一方面，团体分析作为一种新的疗法，他对指挥者在此疗法中如何作出贡献提供了详细的指导；另一方面，团体治疗作为一种新的心理学参考框架，将个体仅仅视为社会关系的抽象概念。

团体分析的基本立场是，通过团体及其成员间不断演变的相互关系，患者先揭示并最终治愈或治疗其个体主体性。从这个结果上来看，团体分析作为一种心理治疗的方法，被用来处理移情、反移情、防御机制和其他为了使这种治疗更有效而发展出的实践性问题。在福克斯的《团体分析心理治疗方法与原理》（1975）一书中，可以找到这种团体分析方法的一个很好的例子。但即使是在处理团体分析的实践时，人类深刻的社会本性总是存在的。

团体分析的概念从个体开始，渗透到社会（反之亦然）。同样的团体分析术语被用于描述个人、团体和整个社会。这并不奇怪，因为根据团体分析，个体被"渗透"在一个超越个人的过程这样的纵向网络中。团体分析使我们能够感知社会、人际和心理层面的经验之间的共鸣。因此，在团体分析框架内，我们可以看到关注个体之外的更广泛背景的重要性。

在这一时期，团体分析理论的发展越来越多地涉及对社会问题的分析。关于性别、经济、文化、社交退行、战争、恐怖活动和创伤，以及关于互联网的影响的论文最近出现在《团体分析》杂志上。该期刊已经出版了关于新千禧年、关系性商品和社会潜意识（稍后详述）这些议题的团体分析特刊。难怪在团体分析领域最重要的书之一被命名为——《心理与社会世界》（Brown & Zinkin，1994）——它描述了这个理论在20世纪末的发展。

从小型团体到大型团体

团体分析师对大型团体的兴趣不亚于对小型团体的兴趣。小型团体适用于治疗目的。它们为信任、自我暴露和治疗性探索的发展提供了安全的边界和完美的条件。传统上，团体心理治疗师以小型团体的形式工作（小型团体通常为5至9人），专注于此时此地，避开团体之外的社会和政治事件。当他们处理社会背景时，他们会利用社会和政治事件来探索这些事件对团体成员的意义。

我们可以从小型团体的过程推断到更广泛的环境，因为团体总是一个微观世界。但小型团体通常会发展出自己的文化，这种文化可能与他们外部的文化大不相同。在前面提到的在小型团体中创造的安全氛围中，有可能发展出亲密感和自我表露。这与我们在日常生活中经常遇到的疏远的环境形成了鲜明的对比（有时也是这些团体吸引力的来源）。为了研究大型组织、协会和机构乃至文化，团体分析师选择研究更贴近现实的心理场景。他们研究更大型团体中的人类行为和团体动力（Kreeger，1975）。大型团体，德·马瑞（De Maré，1975）认为是20个人以上，图尔科（Turquet，1975）认为是40至80人，沃尔坎（Volkan，2001）认为是数百人甚至更多人。大型团体能够探索隐藏的维度，这些维度不会出现在小型团体中（Weinberg & Schneider，2003）。

20世纪70年代，大型团体文化通过治疗社区协会在精神病病房和医院的广泛使用得以传播。与此同时，它在团体分析研讨会和其他团体治疗会议和组织中蓬勃发展，也跨越大洋来到美国（Pines，2003）。大型团体为理解与权威、组织动态、多数—少数群体关系和其他社会冲突相关的强大社会约束提供了机会。他们可以通过观察诸如性别、政治、宗教、种族身份和差异等因素来探索身份的具体化。参加一个大型团体的会议，会引出关于社会归属和成为公民的意义的问题。"我应该张嘴说话吗？""我的话能在人群中产生多大的影响？""不介入这场冲突不是更明智些吗？"这些问题通常会出现在参与者的脑海中（Turquet，1975；Weinberg & Schneider，2003）。

大型团体通常不是处理个体特定感受和痛苦的最佳论坛，而且往往会加剧孤独的感觉。它不能作为一种形式或类型的心理治疗，尽管，在一些参与者中，可能会产生遏制的感受。然而，大型团体是理解社会互动过程和社会内部相互关系的重要工具。正如德·马瑞所写："大型团体……为我们提供了一个背景和一个可能的工具来探索心理治疗和社会治疗这两极化的和分裂的领域之间的结合。这是团体间和跨学科的领域……"（1975，p.146）。

通过在团体治疗会议中开展无结构的大型团体会议，我们从中得到的教训颇为消极。与权威有关的消极面是，我们有时可以看到像婴儿般渴望强大的权威，导致失去自己的判断。或者是对权威的无理攻击，这似乎是出于一种退行导致的俄狄浦斯竞争。动力的过程，特别是投射、投射性认同和分裂，可能导致亚团体之间出现激烈冲突和粗暴攻击。在团队中迷失自我的恐惧（Freud，1921c；Turquet，1975），毁灭和疏离的威胁迫使个体使用各种手段来保护自己，包括依附熟悉的他人，制造民族、性别、宗教和其他社会政治性的分裂等。

积极的一面是，我们可以探索避免这些危险的方法，从通过诠释和内省以提高觉察，到构建团体或发现天生的积极带领者。德·马瑞（De Maré，1975）是大型团体和中等团体的先驱之一。他指出，小型团体的功能是使个体社会化，而大型团体的功能是使社会人性化。

大型团体中的心理过程是密集的，通过使用平行过程的概念，我们可以把它们理解为外部世界正在发生的事情的再现。平行过程的概念起源于精神分析的移情和反移情概念。大型团体中的过程复制了社会和政治过程。大型团体的优点之一是我们可以用它来研究社会潜意识。

后面我们会看到，网络论坛和群组实际上是伪装成小型团体的一种大型团体。在大型团体中发生的许多典型过程和动力可以在在线团体的典型交互中看到。例如，在大型团体中，关于疏离、攻击性、迷失自我、失去个体声音等也会出现在网络上（Weinberg，2003b）。

从个体潜意识到社会潜意识

根据弗洛伊德关于人格组织的地形模型，精神生活可以表现为意识的三个层次：意识、前意识和潜意识。弗洛伊德并不是第一个谈论潜意识的人。早在1765年，莱布尼茨（Leibniz）就强调，除了那些大脑所能知觉的部分之外，还有更多的部分。还有无数其他的知觉，它们不够突出，不能记录在记忆中，但可以通过它们导致的结果识别出来。许多18世纪和19世纪的哲学家一致认为，如果不假设存在活跃的、潜意识的精神生活，我们就无法理解人类的行为。弗洛伊德补充了另一个维度，他指出潜意识是一种精神器官，其功能模式与意识不同。不同的规则支配着这两个系统：现实检验、理性思考和逻辑编码是有意识系统的典型特征，但在潜意识系统中却不存在。弗洛伊德认为，人类行为的重要方面是由这些潜意识的非理性力量塑造和指导的，而这些力量是无法用来指导意识的。我们可以通过对幻想、梦境和口误现象的诠释来了解个体的潜意识。

当我们转向团体，把他们视为实体时，一种新的潜意识出现了：团体潜意识。比昂（1959）明确地谈到了团体思维，并引入了原始系统、基本假设和工作组等概念。比昂的基本假设（在本章后面讨论）是团体潜意识的例子：没有人拥有它们，也没有人想为它们负责。福克斯（1964）创建了团体矩阵模型来更好地描述他认为的多维性，他认为这种多维性是团体思维和交流的特征。福克斯之所以选择"矩阵"这个概念，是因为它与"mater"（拉丁语中的"mater"一词，意为"母亲"）这个概念有明确的联系，目的在于强调团体情境的原初性和特殊性，而不是仅仅依赖于单个成员的个性特征之和。矩阵显示了它自己的结构和功能自治，在某种程度上超越了个体，即使它是由整个个体构建和共享的。事实上，母体在某种程度上能够影响他们的思想、语言和行为。"在这个意义上，我们可以假定一个团体'心智'的存在，就像我们假定一个个体心智的存在一样"（Foulkes，1964，p.118）。它是个体成员相互作用的产物，但不是静态的。不管我们称之为团体的思维、矩阵还是潜意识，很明显，我们谈论的是一些超越团体个体成员，而非简单地将个体思维相加的抽象概念。就像个体潜意识一样，我们只能从团体的行为或话语中推断它的存在。

西方文化是建立在对自由意志和追求幸福的个人权利的信仰上的，因此西方社会的外行人很难知觉到团体潜意识以及团体如何对其成员产生潜在影响。然而在社会心理学中，有一个长期存在的研究传统，显示了团体对其成员的影响，以及他们没有觉察到这种权力的隐性运用。下一层次的抽象更难以接受：社会潜意识。总的来说，社会潜意识的概念说明我们被自己没有意识到的社会力量所驱动。这些力量塑造了我们的行为、思想和知觉。这一概念不同于荣格的集体无意识的概念（Jung，1934），因为它是特定于某个社会或文化的潜意识的动力学，而社会潜意识是普遍性的，由所有社会共享，基于所有人类共同的隐藏原型，无论他们属于哪个社会。

社会潜意识这个构想的观点是双面的。它一方面反映了个体未觉察到的社会和文化部署（Hopper，1996），另一方面，它意味着社会力量和权力关系在心理上的表征（Dalal，2001）。我们可以依靠一种双重视角来观察社会潜意识：一方面关注个体因为属于某个社会而导致的个体潜意识中的限制性、约束性和局限性；另一方面则关注某个特定社会中成员们共同构建的神话、焦虑、防御和集体记忆。我们应该特别关注对团体的社会潜意识的研究，特别是在大型团体里。社会潜意识的概念假定了，某些特定的潜在的假设在指导着某一社会或文化的行为。同样地，潜意识的力量驱使着一个人，而他/她却不知道，一个团体、一个组织或整个社会也不知道自己在潜意识力量的作用下行动。

　　社会潜意识这个词最早是由福克斯在他的著作《治疗性团体分析》（1964）中提到的："……团体分析的情况，在处理弗洛伊德意义上的潜意识时，把个体同样没有意识到的一个完全不同的领域纳入了操作和视角中……人们可能会谈及社会或人际潜意识"（p.52）。福克斯似乎尽力超越了弗洛伊德关于个体潜意识的经典概念，将影响人际和超越个人过程的社会和交流力量包括进来。霍珀（1996，2003）就这一概念发表了许多论文，他是社会潜意识最坚定的支持者之一。他将其定义为："社会潜意识的概念是指人们没有意识到的社会、文化和交往部署的存在及其约束"（Hopper，2001，p.10）。这一定义意味着，生活在一种特定的文化中，属于某一特定的社会，会对其成员的行为及其交流方式产生影响，而这些成员并没有意识到这一点。从外部观察，我们可以发现来自同一社会和文化的人的共同行为和态度。然而，对于生活在那个社会中的人们来说，这些方面可能是难以捉摸的，不那么明显的。最近，霍珀和温伯格（2011）出版了关于社会潜意识丛书的第一卷。

　　互联网为我们提供了探索社会潜意识的几种方法，既包括可以通过研究不同文化背景的人们的互动方式（从而看到他们的社会潜意识是如何在互联网上反映出来的），也可以对其进行分析。我们也可以问问自己，是否存在一些关于网络空间的潜在假设，进而创造了温伯格（2003b）所称的"网络潜意识"，并描述构成这种跨文化的、国际关系网络的独特元素。还有一种将互联网和社会潜意识联系起来的方式。我们可以探索万维网的存在，以及它几乎从一开始就被广泛使用，如何有意识或无意识地影响我们的社会。本书的第七章正是关于网络潜意识的章节。

从保守团体分析到激进团体分析

要处理团体分析和社会议题，就必须处理政治议题，至少要发展出对政治问题的态度。问题是如何在一篇学术文章中处理政治问题。这不是一项容易的任务，有时很难将科学分析与政治立场区分开来。以团体分析为工具来理解文化和社会现象时，我们即刻便陷入了这种困境。

尽管精神分析有很强的政治传统，但在美国，它已经被医学化的精神分析淘汰了。雅各比（Jacoby，1975）令人信服地论证了我们自恋文化的一个特点，即把所有的社会和集体问题都简化为个体心理的心理成分。他使用了"心理学主义"这个术语。雅各比非常简单地将"心理学主义"定义为"将社会概念简化为个人和心理学概念"（p.78）。那些实际上与其集体和社会学性质不可分割的问题，都被理解为个体问题和心理问题。雅各比提出了一个非常令人信服的案例，即最近的自由主义思想有一个令人担忧的特点，它倾向于将所有的行动和思想，所有的经验和历史，简化成它们的心理成分。

许多心理学家和精神分析学家试图避免被认为具有明确的政治态度，声称这将使他们脱离"中立"的分析立场。经典的精神分析实践基于"匿名""中立"和"节制"这三个原则（Eagle & Wolitzky，1992）。科恩、艾廷和费德勒（1998）将这种经典的精神分析立场扩展到团体治疗之中。匿名指的是，治疗师仍需作为一块"空白屏幕"，这是为了不影响团体成员对团体分析师的投射和移情。对于分析师来说，在团体中散播他们的政治态度几乎没有什么用处。在这个原则中，我们可以加上治疗师的中立，这意味着治疗师在团体成员的内部或外部冲突中不偏袒任何一方，这包括政治冲突。

这种老式的立场使许多心理学家、精神分析师和团体分析师不敢表明立场，也不敢表达政治观点。更重要的是，他们变得谨慎，不被认定为属于任何政党，这样他们就可以严格保持中立和匿名的态度。以社会为焦点的团体分析极大地改变了这一立场，它将个体视为文化的一部分，并且对社会和文化有明显影响。从一个完全中立的立场来分析社会现象、探索社会潜意识、描述文化潜规则，是很难做到的。对社会政治过程和社会潜意识的兴趣通常是从一个敏感的社会意识发展而来的。我们总是面临着跨越界线的危险，界线的一边是从团体分析的视角去分析社会 / 政治形势，界线的另一边是利用团体分析理论去促进某种政治声明。另一方面，既然我们是我们所分析的文化和社会的一部分，我们如何才能避免卷入我们的研究对象呢？

实际上，首先，福克斯（1948，p.10）关于个人只是一种抽象概念的观点是相当激进的。它否定了我们对个人身份的感觉，否定了我们对自己作为独立实体的感知。达拉勒（Dalal，1998）进一步阐述了这一观点，认为我们不能将个体从人际关系、群体或社会环境中孤立出来。正如温尼科特戏剧性地断言"从来没有婴儿这回事"，因为婴儿永远无法脱离与照料者的二元关系而被单独研究。达拉勒的观点可以释义为"没有像个体这回事"。达拉勒（1998）认为，实际上存在两种版本的福克斯理论：福克斯的正统思想遵循弗洛伊德和精神分析理论。正统的立场被有用地扩展到包括图形—背景关系的完形概念，即交替关注作为前景或背景的个体和群体。似乎福克斯不得不在理论和政治上向当时有影响力的精神分析思想妥协（或与其背离）。他的思想包括：把集体优先于个人（与马克思主义思想一致）；整体优先于部分（遵循完形心理学）；社会性的优先于生物学的（与弗洛伊德相反）；外在胜于内在（作为对克莱因和比昂的反诉）；社会潜意识（或社会政治和文化约束的潜在影响）优先于弗洛伊德的无意识（作为压抑内容的容器），以及社会传播机制优先于生物遗传。

所以，根据这些解读，团体分析深深扎根于一个激进的立场。将这一理论的社会含义与激进的福克斯理论联系起来，与此同时，将团体分析的实践和治疗方面与保守正统的福克斯理论联系起来；这样的联系很诱人，但其实是过于简化了。在某种程度上，团体分析的激进思想领先于后现代思想，在后现代思想中，确定性消失了，因果之间的线性关系不再有效。21世纪初，越来越多的论文出现在《团体分析》期刊上，将这一理论与复杂性理论（Stacey，2000）、主体间性（Schulte，2000）、性别、性、权力和女性主义（Burman，2002）以及阶级、社会地位和不平等（Lauren，2002）联系起来。

也许将团体分析与20世纪政治经济、流行文化、人际关系和性关系以及心理治疗等领域的快速发展联系起来的最好的论文是布莱克维尔（Blackwell，2002）的论文。他断言，就像精神分析一样，团体分析不得不在两者的张力之间挣扎，一者是作为一种激进的论述，另一者是成为一种受人尊敬的职业。经济和思想上对个人主义的强调，使实践者忽视了作为团体分析的基础的革命性思想。但是，由于反对种族主义、性别歧视、压迫和文化帝国主义的意识形态斗争，人们对分裂的社会日益不满，将团体分析的激进方面再次推到突出位置，使其成为一种理解并与团体工作的方式，这里的团体包括家庭甚至整个社会。这样的过程导致的结果是，指挥者不能因循守旧地保持中立，因为他是该团体矩阵的一部分。使用团体分析方法的研究者应该放弃相信自己能够保持客观意义上的中立的可能性，因为他（她）是他（她）正在探索的政治体系的一部分。

团体分析中的一些核心概念

团体分析的一个关键概念是矩阵。这个概念承载了团体分析的许多方面，因为它从个体扩展到文化。它来源于拉丁语中的"mater"一词，意为"母亲"，但也有"子宫"或"创造之地"的意思。福克斯和安东尼（1965）认为团体创造了个体，也为他提供了背景。形象与背景、创造者与被创造者、个体与团体 / 社会的相互作用，这些是团体分析的基石之一。矩阵是塑造个人的模具。团体矩阵是一个促进成长和发展的塑造性空间。

福克斯给出了几个矩阵的补充定义。最常被引用的是：

> 矩阵是一个特定团体中关于沟通和关系的假想网络。正是这个共同的基础，最终决定了所有事件的意义和重要性，并决定了所有的沟通和诠释，包括语言的和非语言的。（Foulkes，1964，p.292）

有时矩阵被视为一种"团体心智"——尽管这是一个在团体分析中存在争议的主题。但为了使其更加复杂，福克斯（1975）区分了三种矩阵模式：首先是个人矩阵，一个复杂的内部心理过程系统。可以把这个矩阵比作大脑中的神经元网络（福克斯提出这个概念可能是因为他受到了科特·戈德斯坦的影响，戈德斯坦是一个与完形心理学家关系密切的整体神经学家；戈德斯坦提出了一个关于人类有机体的整体理论，这个理论挑战了还原论方法）。接下来我们就来讨论动态矩阵，它指的是团体成员之间的相互关系。正是这个动态矩阵创造了团体实质和"团体即整体"现象。我们可以把它比作隐藏的脉络，它将个体连接在一起，使他们成为一个整体。最后一种是基础矩阵，它"基于物种的生物学特性，也基于根深蒂固的文化价值观和反应"（Foulkes，1975，p.15）。基础矩阵似乎是一个基于生物学的网络，连接着来自不同文化和来自同一文化的个体。

福克斯写了很多关于团体分析的核心概念的文章（例如，1975），包括治疗团体治疗会谈的细节描写。他精确地描述了房间和座位安排，一圈一圈的椅子（甚至包括它的大小和中间的那种矮桌子），团体的规模（7到8人），以及会谈的持续时间和频率。所有这些重要的细节都被认为是团体设置的内容。其他团体分析作者遵循这一传统，撰写了关于团体的设置（Van der Kleij，1983）、团体的外部空间（Walshe，1995）等内容。福克斯（1975）提到了对患者的行为要求的经典原则，如规律、准时、谨慎自主、节制、不在团体外接触，以及在治疗期间不作"生活"决定。

福克斯不仅关注团体设置的程序细节，也关注它们对团体工作的影响。尽管他详细说明了物理空间的提供、开始和结束时间的标记、在团体之外交流的含义，以及接纳新成员加入团体，但他也将这些称为团体的"动力管理"。他的意思是，管理职能具有动力的含义：它们为团体提供一种安全感和连续性，并增强了沟通交流的动力流动。

动力管理与团体边界的维护密切相关。边界是团体与外部世界的接口。管理团体的边界，以便促进安全感和受到保护的体验，这对于作为一个独立实体的团体的生存至关重要。建立和维持边界（团体的框架）以及组织和管理设置的能力，被认为是团体分析实践中必不可少的核心技能。第五章详细讨论了边界，以及动态管理对网络团体带领者的意义。

作为本书素材的网络论坛和讨论组／群，对它们的管理和动力管理呈现出一种特定的困境。当我们将它们称为团体（见 Weinberg，2002）时，我们假设在无边无际的虚拟世界中，安全水平很低，因为讨论团体的时间和空间边界并不存在，这和典型的面对面的分析性团体是不同的。论坛版主的动力管理功能是提供这种安全感的关键。在网络空间这样一个无限的、新的、不安全的、未知的环境中，特别是对于那些没有技术经验的人来说，这个功能似乎是最重要的特征，它可以让论坛里的成员感到有人在照顾他们。

团体分析中的其他重要概念是"镜映"和"共鸣"。这两个是团体治疗领域特有的术语。团体心理治疗是一个特殊的专业领域，需要不同于个体治疗的概念，需要学习特殊的理论和获得特定的技能——这种观点在治疗师中并不常见。与上述所说相反，福克斯（1964）提出了团体治疗领域特有的术语和概念。例如矩阵、共鸣和团体镜映等术语，是团体治疗分析的基本概念。亚隆与莱斯茨（Yalom & Lescz，2005）提出的一些疗效因子，如凝聚力和普遍性，也是团体所特有的。我将在本书第八章中与在线小组有关的内容对其进行讨论。

福克斯和安东尼（Foulkes & Anthony，1965）将团体描述为一个由镜子组成的大厅，也就是说，在这里个体可以被不同的眼睛镜映。根据罗伯茨和派恩斯（Roberts & Pines，1991）的文章，福克斯将镜像反应定义为"团体成员通过形象和行为反映出的自我的一面，允许认同和投射机制，使个人能够意识到这些之前尚未被意识到的潜意识的元素"（p.76）。显然，在线上群组中很难侦查和体验积极和消极 / 恶性的镜映过程。在谈论互联网上的团体时，这个问题值得特别注意，我们将在下一节中深入讨论。

虽然比昂（1959）不是团体分析师，而且实际上他的一些想法似乎与福克斯关于团体的积极内涵是互相矛盾的，但是如果要理解团体，我们就不能不提及他的三个基本假设，这是他的重要贡献：团体的成员常常表现得好像他们在共同回应一些潜意识的和非理性的组织原则。他们的行为可能表达了三个隐含的基本假设之一：依赖性、战斗—逃跑和配对。就目前而言，可以有把握地说，在几乎任何一个团体中，互联网团体也不例外，一些成员的行为和非理性的团体动力都可以很容易地用这些假设来解释。

近年来霍珀（Hopper，1997）提出了第四个基本假设，它是比昂（1959）最初的三个基本假设的延伸。这种假设用不内聚的两极化形式来表示。当被激活时，团体和类团体的社会系统在聚集体和大众化之间摇摆。在大众化这一极中，团体似乎是统一的，成员们倾向于融入"团体母亲"（Scheidlinger，1974），否认差异，并且普遍有一种团结和相同的错觉。在聚集体这一极中，人们感到彼此疏远和冷漠，普遍存在敌意并且退出人际关系。在其极端形式下，大规模分裂机制是活跃的，各个亚团体之间相互对抗。我们稍后会看到，这个假设对在线团体有明显的启示。

在结束这一节之前，我们必须提到团体指挥者，尽管这也将在后面的章节（第五章）中详细阐述，之后还将讨论他/她在网络论坛上的作用。团体指挥者有许多功能，如在参与过程、反思和观察之间移动，连接不同层次的沟通，连接团体、亚团体和个体，建立连接结构，兼顾过程和内容，在不同层次的移情之间移动等。分析师有两项实际任务：加强团体边界内的沟通交流，并处理超出这些边界的事件。要完成这最后一项任务，既要负责管理团体的设置，也要将这些带入边界内的"外部材料"作为与交流的动力有关的事件，转化成"此时此地"。

镜像神经元还是想象神经元？

在一个团体中，更容易认识到其他人的问题，并考虑可能解决这些问题的方法，然后直接审视自己的问题。福克斯（1964）将其称为镜像反应：

> 当许多人相遇并互动时，镜像反应就会显现出来。一个人看到自己，或者自己的一部分——通常是被压抑的一部分——经由其他团体成员的互动反映出来。他看到他们正在作出反应的方式和他自己的一样，这些人和他自己的行为形成了对照。通过他对他人的影响和他人对他的印象，他也开始认识自己——这是一种自我发展的基本过程（p.81）。

团体中的镜映是否与最近在神经生物学及其他领域被普遍讨论的镜像神经元有关？ 20世纪90年代初，贾科莫·里佐拉蒂和他的团队在意大利帕尔马无意中发现了镜像神经元，当时一名研究人员注意到，当猕猴观察到研究人员拾取食物时，它的一些脑细胞会"激活"。当猴子拿起食物时，这些细胞也会被激活。显然，这些细胞通过运动的动作和对相同动作的感知都会被激活。

镜像神经元的发现既激发了社会科学家的想象力，也激发了许多关于其功能的假说，从通过语言的发展来理解人们的意图，到作为共情的基础，甚至在社交技能的缺失中发挥作用。镜像神经元似乎可以分析他人的行为并读懂他人的心思。镜像神经元和镜像系统为团体治疗师的信念提供了"硬件"支持，他们相信在治疗过程中关系的中心地位，并探索它们在解释"团体作为整体"现象中的价值。镜像神经元进一步证实了知觉、行动和意图具有整体的、主体间的社会性质，这与刺激—反应行为主义截然不同。显然，相互身份认同和识别先于自我意识、理性和文化。组成团体似乎是我们人类的一种"固有"倾向。

我们可以说，移情和身份认同的神经解剖学基础走进人们的视野，而且在人际关系中被强烈地激活，更不用说在团体里了，特别是当镜像神经元已和模仿、情感共鸣、行为和内心状态的共同调节被广泛关注时。此外，新兴的镜像神经元功能模型与主体间性核心体验的第二个特征相符：当遇到他人时，这些人同时被视为与自己既相似又不同的人。如果我们仔细想想，这正是团体成员所探索的：相似性和差异性。事实上，这就是我们在以系统为中心的团体治疗（由阿加扎里安开发）中所做的：首先帮助成员创建功能性亚团体，在这个亚团体中，人们探索他们的相似程度，然后再转而找出他们的不同之处（见 Gantt，2012）。

谢尔默（Schermer，2010）认为镜像神经元为"团体作为一个整体"这个概念提供了一个潜在的神经学上的基础。根据他的说法，这些神经元与自体心理学和共情协调的需要是一致的，特别是在团体中（Stone，2005）。他展示了几个团体治疗理论和概念都适用于这些神经元细胞。当涉及团体分析时，他将镜像神经元与团体矩阵相联系，将该矩阵定义为团体成员之间的沟通网络。镜像神经元提供了一种可能的连接，将个体以"节点"的形式与另一个个体连接起来。团体分析强调自我的社会性质。镜像神经元解释了定义我们个性的自我。

由于缺乏眼神交流，在互联网上镜映似乎不可能实现，因为镜映主要是基于看别人的眼睛并被别人看到的能力。人们在网络空间看到的唯一具体反映就是他们在屏幕上的反映。虽然屏幕可以成为一面令人羡慕的镜子（因为作者可以把他们的理想自我投射到屏幕上），但人们需要通过别人得到认可。在上面提到的大型团体中，至少"听觉镜像"可以取代视觉镜像。在互联网上只有文字。文本镜像是可能的，但更难做到。

在网络论坛上，人们时不时地觉得自己被镜映，但大多数时候，他们的"声音"似乎迷失在了虚无中。对于许多人来说，这相当打击他们的自恋，因为他们为了不面对被忽视的痛苦经历而在人群中（不管是真实的还是虚拟的）克制自己发声。大型和虚拟的团体提供了一个例子，说明了为什么人们避免参与社会和政治活动，因为人们害怕被忽视甚至（更糟糕的是？）被嘲笑的可能性。如果良好的公民身份意味着参与政治活动，那么加强在人群中的镜映可能会鼓励更多的人加入。

互联网上没有镜映，这可能产生两种影响。其一，随着涉及的感官越少，唤起的羞耻感就越少。人们仍然可以通过更强地控制自我边界来保护自己。作者可以决定何时自我暴露，这样就减少了典型的小型团体中的压力和被侵入的可能性。另一方面，人们会将网络空间中的空虚和缺乏视觉线索体验为就像受到迫害似的，并发现这种沟通的模糊性令人难以忍受。

在互联网上，共情是可能的吗？我们可以争辩说，由于我们在网上看不到其他人，所以更容易把他/她置于"非我"的位置上，因此减少了同理心，更倾向于参与对其他人有破坏性影响的行为，而不感到内疚或悔恨。莱维纳斯（Lévinas，1984）提出，我们对他人的道德责任始于我们能亲眼看到他们的地方。通过看到彼此的脸和相互间的凝视，我们才将彼此看作人类。由于网络通常只涉及文字信息的交流（无论是通过电子邮件或网络论坛、讨论组/群），因此没有理由相信，我们会对我们看不到的人产生道德责任感，并且关心我们所写的文字对我们的沟通对象的影响。

事实上，在互联网上有人蓄意伤害其他用户，这样的例子不胜枚举。在一些案件中，犯罪行为的目的是增加犯罪者的利益（例如，网络诈骗），而损害无辜的人的利益。我们可以假设，如果他们必须面对面地欺骗人，那么有些罪犯不会参与这样的违法行为。这不仅因为躲在屏幕后面去欺骗人会更安全、更容易，还因为面对另一个有血有肉的人会激起更多的道德约束感。

在其他的邪恶行为中，伤害者并没有从行为中获得任何经济利益。例如，在互联网上传播计算机病毒可以影响许多人，致使他们的电脑崩溃和数据丢失，导致真正的损害和很多麻烦。制造和传播这些计算机病毒的人似乎并不关心用户的痛苦，同理心显然也不是他们恶意行为的主要动机（也许对权力的需求是他们的动力？）。

我们并不是只有变成精神变态者或参与非法行为才会在网络上表现得没有同理心。经常出现的情况是，像你我这样的"正常人"在网络团体中会陷入冲动反应，这与我们在日常生活中的常规反应不相符。我们稍后会看到，退行经常发生在网络论坛中（Holland，1996）并导致令人惊讶的不顾他人的攻击性言语表达。造成这些奇怪行为的原因可能是在，不假思索就可以轻易地点击"发送"按钮，并且看不到对方的脸（比如飞行员按按钮释放炸弹时不会感到懊悔，因为他看不见目标人物的脸）。从我自己的经验来看，我学会了永远不要立即回复那些令人恼火和诱人的信息，而是等待并重新思考一个合适的回复，同时考虑用自体心理学的方法帮我想象在网线另一端有个自恋受损的人。我花了好几年时间才学会在网络活动中采取这个方案，但我仍然感到一种冲动，"要让那些对我刻薄的混蛋知道我的厉害"，我也可以报复。是什么降低了我在这类事件中的同理心呢？从我的自我分析来看，我认为这与我不想表现得脆弱有关，尤其是在公众场合里。因为我没有看到论坛的其他成员，所以我会向他们投射一些贬低我的态度——被攻击后如果我不反击的话，他们会看低我——因此我被迫采取了冲动行为（为了在公共场合"挽回面子"）。

当我们看到别人的行为、手势或面部表情时，镜像神经元就会被激活，我们可能会得出这样的结论：由于在互联网上缺乏面对面的互动，这些细胞就没有被激活，这就是互联网上缺乏同理心的神经学原因。然而，与此同时，也有证据表明，人们在互联网上有着惊人的慷慨、积极的关系网络和出色的合作。霍兰德（Holland，1996）在他关于互联网退行的描述中阐述了这样一个事实：素未谋面的人往往愿意互相帮助。作为一个在世界各地参与团体心理治疗的人，我收到很多不认识的人请求我给他们分享文章或参考文献，我通常会抽出时间回复并帮助他们。互联网协作和交流的另一个例子是，帮助那些我们永远不会与之见面的人获得有用的信息、支持、认可和验证。

在社会关系中，我们习惯了自我与他人之间的具身的亲近感。我们共享同一个空间，这使我们在生理和心理上都感到亲近。但是，如果镜像神经元不仅在我们视觉互动时起作用，也许当共享空间变成虚拟空间时也在起作用？我们被误导，以为镜像神经元只有在我们看到别人的行为或姿态时才会活跃。这可能是因为它们的名字（镜子意味着视觉刺激），以及它们的发现与视觉有关（猴子看，猴子做）。然而，亚科波尼（Iacoboni，2008）发现，仅靠某人的动作所产生的声音，就可以让镜像神经元放电。它们以多模式的，甚至是抽象的方式对他人的行为进行编码。

事实上，问题是我们如何理解人的心理状态。是通过分析他人，还是假装站在他人的角度思考问题？镜像神经元表明，最新的假设是正确的，但为了做到这一点，我们不一定需要看到对方。想想当我们读到一本好的小说时会发生什么。我们会共情男主角，认同女主角，被他们的行为感动。我们看不到他们，但我们想象着他们的行动、感情和意图。这种我们都有的共同经历提供了一个证据，即镜像（想象）神经元在我们阅读文本时也会激活。亚兹-扎德、威尔逊、里佐拉蒂和亚科波尼的研究（Aziz-Zadeh，Wilson，Rizzolatti & Iacoboni，2006）支持了这一假设，他们要求受试者阅读描述手和嘴的动作的句子，同时测量他们的大脑活动，然后在给他们看手和嘴动作的视频时测量他们的大脑活动。当受试者阅读描述这些特定动作的句子时，负责手和嘴运动的镜像神经元区域也被选择性地激活。镜像神经元通过在大脑内部模拟我们所读的动作来帮助我们理解我们所读的内容。既然在阅读小说时（和那个实验中）会如此，那么在互联网上也会如此。

在我看来，我们可以简单地想象对方在行动，从而激活这些神经元，帮助我们了解对方的心理状态。想象实际上是可视化。想象并不是仅仅靠眼睛来构建的，虚拟团体能够激发和构建想象。我急切地等待着有人做实验来证实这一假设：想象他人的行为就足以激活镜像神经元，就像我们看到他人的行为或我们自己的行动时一样。我认为这种实验会遇到一些困难，特别是在如何控制人们的想象这个问题上，但我不明白为什么我们不能尝试做这样的实验，要求受试者想象别人的行动，并将之和生动的场景做对照，然后测量他们的镜像神经元的活动。如果我是对的，我建议把镜像神经元这个有误导性的名字改成想象神经元。

尤格（Yogev，2012）指出共情有两个维度：与协调的注视相关的非语言／面部维度，以及涉及交流的语言维度。当然，语言维度存在于互联网上，因为人们可以通过文字交流，口头描述他们的感受，帮助读者与他们产生共鸣。面部维度在互联网上缺失了，也许这就是为什么人们更容易疏远，并把他们的交流对象放在"他者"的位置上。然而，正如我们前面所指出的，在我们看不到别人的时候想象他们，这就可能接近于看到他们，这意味着同理心并非完全缺席。当人们面对面的时候，镜像神经元在现实生活中工作得最好。虚拟现实和视频可能是粗浅的替代品，但它们仍然起着替代品的作用。

关心或侵入

同理心本身不足以保证人与人之间的善意行为。科胡特（Kohut）

（参见 Strozier，1985）曾经说过，纳粹非常共情犹太人，这意味着他们非常了解"犹太人的思想"，以至于他们策划了毒气室来成功地欺骗他们的受害者。对镜像和共情问题的讨论将我们引向更多的问题：人们用他们的同理心做什么？他们如何表达这种同理心？他们把它变成了关心吗？这就引出了以下人类关系中常见的困境：我们如何区分关心他人和侵犯他人隐私？变得共情并乐于助人，变得对一个人的边界不敏感并将我们自己凌驾于他人之上，在这两者之间，我们可能跨越的那条细线在哪里？事实上，这些问题并没有一个普适的答案，但每当我们进入一段关系时，我们就不得不面对一个两难的境地。

在许多面对面的过程和治疗团体中，这种困境是团体发展的一部分，许多团体成员在对其他人表现出积极的好奇心之前会犹豫一阵子。人们担心他们的好奇心会被视为"偷窥狂"的态度。在亲子关系中，关心是最常见也是最重要的。父母花在照顾孩子和为他们做基本事情上的时间，为孩子的健康发展奠定了至关重要的基础。它建立了他们之间基本的信任，建立了安全的依恋关系，这是未来建立稳定关系的首要条件。在这种关爱中，双方都从交流中受益：孩子们感到自己本身被爱着，父母也证实了他们关心和爱的能力。然而，许多成年人不希望感到他们需要别人对自己的关心，一些人甚至在危机中也拒绝别人关心的举动，担心别人会因为他们的痛苦而可怜他们（例如，当他们身患绝症时）。因此，人们在团体中抑制了关心的表达。

事实上，在这种困境中，什么可被接受或不可被接受，也涉及文化惯例。在一些国家，侵入他人的边界和空间是很常见的，例如问一些粗鲁的问题，主动提出一些不请自来的关于正确行为方式的建议等等。在我过去7年居住过的加利福尼亚州，人们非常尊重彼此的边界（从身体和空间的边界到问私人问题），有时这被认为是在回避连接。我参与到了这两种文化之中，所以当我带领团体时，这两种文化差异尤其明显；在加利福尼亚州，人们对侵入会非常犹豫，并在团体的开始阶段（有时更晚）避免询问私人问题；而在一些国家，人们立马就会对其他人感到好奇以至于都到了不尊重边界的程度。

以我之拙见，以及从我多元文化的经验来看，当有人带着问题来到团体时，一味地避免对他人的好奇、对他人的兴趣和提出问题，会让别人觉得自己缺乏关心，孤立了首先向他人敞开心扉的人，并在团体中造成疏远。另外，过多的好奇和私人问题会被认为是粗鲁的、侵入性的和不尊重的，会在群体中创造一个不安全的环境。

面对上述困境，在网络上还有另一悖论：网络团体在管理这些极点方面做得更好，平衡了过度好奇和回避连接，有时还建立了一种关心的文化（这取决于正确的领导和正确地发展团体规范）。首先，与面对面的团体相比，在网络论坛上回答个人问题的人有更好的保持和管理自己的界限的能力，这将在第五章中提到。在非同步的讨论群中，响应者有时间进行反思和决定，而不会面对要作出正确回应和自我暴露的压力。除了这种控制边界的能力，事实上网络讨论是多元文化的，这使得人们在对他人产生好奇时能够平衡极端态度，因为人们互相学习在不同文化中什么是可以接受的。不仅如此，由于（在第六章中将描述的）小型团体错觉的产生，人们很有可能感到比预期的还要亲密，并参与到一种更加关心他人的互动中。正如将在第五章中详细介绍的那样，论坛带领者的在场，适时干预以维持相互关心的团体文化，对这一过程是至关重要的。令人惊奇的是，一群素未谋面的人可以成为虚拟团体中参与者之间相互支持和关心的资源。关于在线心理健康干预的综述，包括自助小组，可参见巴拉克和格罗霍尔（Barak & Grohol，2011）。

本书采用的团体分析的参考框架

通常，质性研究产生的大量文本数据以逐字稿和观察性田野笔记的形式呈现。研究人员必须通过筛选和诠释这些数据来弄清楚它们的含义。数据分析通常与数据收集同时进行，以此提炼问题，并开发新的探究途径。这正是本项研究展开的方式：在互联网团体上收集的数据越多，发展和提炼出的问题和探索领域就会越多。我在互联网上写的关于团体的论文越多，我就越清楚这方面的书是多么被人们所需要。文本数据通常使用内容分析进行归纳探索，以生成类别和解释。质性研究使用分析类别来描述和解释社会现象。为了做到这一点，研究人员需要确定一个主题框架——关键议题、概念和主题，借此数据才可以被检测和引用（Pope，Ziebland，& Mays，2000）。这本书的主题框架是团体分析。

为理解网络空间中的团体现象，并将其与文化和社会问题联系起来，我带着团体分析的视角在网络论坛和讨论群/组上观察数据。我使用团体分析的术语和概念来解释我的观察结果，并阐释我的发现的意义。涉及上述团体分析的几个方面，我从分析个人现象转向分析社会现象，从小型团体转向大型团体，从个体潜意识转向社会潜意识，始终牢记团体分析的根本视角。

总　结

团体分析不仅仅是个体患者的一种心理治疗形式。它远远超越了个体，逐渐削弱了个体的孤立存在，进入了对社会历程和文化现象的研究。它以大型团体和小型团体的对话形式开始出现，维持着文化和国家层面的对话。它还能让不同文化的成员探索他们的异同，研究他们的社会潜意识，理解他们的文化身份。它涉及家庭、性、性别、文化和政治主题，并提供了一个探索冲突和矛盾的机会。

> 因此，福克斯希望团体分析不仅能提供一种有效的心理治疗手段，同时也是一种研究社会现象的途径，一种理解个人与社会以及他们之间的关系的途径。他相信，它可以为精神分析学和社会学、社会心理学和人类学提供一个交汇点。（Blackwell，1994，p.27）

这就是我在这本书中试图做的：使用团体分析的参考框架来分析文化和社会现象，理解互联网及其社区的文化，并将其与精神分析思维联系起来。我应该补充一点，团体分析激进的方面导致了有时我对事件的主观诠释主导了分析。

团体分析将相互作用的过程理解为在一个统一的心理领域中发挥作用的过程，个体是组成这个心理领域的一部分。互联网就是这样一个领域。在某种程度上，互联网非常像福克斯（1964）对矩阵的描述，特别是基础矩阵。如果"矩阵是一个特定团体中关于沟通和关系的假想网络"（Foulkes，1964，p. 292），那么万维网肯定代表了这样一个网络。不仅互联网上的交流创造了一个关系网络，而且网络论坛、讨论群/组也让我们观察到，当人们连接、回应、共鸣和镜映彼此（或没有做成这些事）时，这个矩阵是如何交织在一起的。我们可以注意到一群完全陌生的人如何聚集到一个有松散边界的空间，分享一些深层次的共同点，并显现出福克斯所说的：

> 我从一开始就接受了，即使是这群完全陌生的人，作为同一物种，以及更狭隘地说属于同一文化，也共享一个基本的、心理矩阵（基础矩阵）。在此基础上，他们更加熟识并且他们的亲密交往不断增

加，因此他们也形成了一个当下的、不断流动、不断发展的动态矩阵。（Foulkes，1973，p.228）

此外，团体分析将个体视为一个节点，一种网络的交叉点，就像神经系统中的神经元。这样，一个团体、一个社会系统和整个社会就不知不觉地被连接在一起了。这样一来，我们就通过这个不可思议的网络连接在一起。万维网本身就是这样一个网络，其中每个事物或个人都与另一个事物相连接，作为一个节点在发挥作用，并导向其他的连接或节点，所有这些都在更深层的基础矩阵中相互连接在一起。

第
三
章

文化与（虚拟）团体：
网络文化

在一部名为《上帝也疯狂》（1980）的电影中，一个来自非洲的布须曼人发现了一个空的可口可乐瓶，这是有人从飞机上扔下来的，他把它带到了自己的部落。从天上神奇地掉下来的可乐瓶被视为上帝慷慨馈赠的礼物。他们从未见过上帝送给他们如此有用的礼物。他们用它把植物块茎捣成糊状，在加工蛇皮的时候把蛇皮弄光滑，把它作为一种印章在皮革上涂上装饰性的墨印，还把它作为一种乐器——你可以对着它的顶部吹出口哨。似乎当人们不知道一件物品的最初用途时，他们就能创造性地使用它。

　　但随着时间的推移，来自神的有用的礼物变成了这个文化里的邪恶客体，之前这个文化里没有财产和所有权的概念。突然每个人都需要这个珍贵的东西，不幸的是，只有一个瓶子。所以在这个原本和平快乐的部落里开始出现战斗和竞争，直到最后他们决定除掉那个腐败的客体。

　　这个电影故事不仅是对西方文化（以可乐瓶为象征）的批判，也展示了不同文化之间可以有多大的差异。它们如此不同，以至于如果我们试图从一种文化中吸收元素到另一种文化中，结果可能是弊大于利。

在这一章中，我想讨论网络空间文化及其潜意识的方面，并在稍后将其与网络团体和论坛联系起来。但在此之前，我们应该对文化进行定义，探讨和分析它与众不同的特征，讨论团体和文化之间的联系。

什么是文化？

文化问题可以从许多角度来探讨：社会学、人类学、心理学、哲学和政治学。也许这就是为什么人们对于"文化"的定义莫衷一是，而且每个讨论文化的人都有自己对文化的定义。甚至在哲学家、心理学家和社会学家之间，对于这个概念到底应该包括什么也没有达成共识。

文化研究涉及若干方面，需要加以探讨和分析（一些文化研究读者，见 Carrithers，1992；Cole，1996；Greetz，1973；Rogoff，2003）。文化涉及人们想什么、做什么，以及他们生产的物质产品。虽然对文化的定义差异很大，但人们对文化的以下特征形成了一致的看法：文化是共享的，意味着它是一种社会现象（Carrithers，1992），即当团体成员共享相同的规范、价值观、信仰和行为模式时，文化就会出现（Taylor，1989）。文化是习得的，而不是生物意义上遗传来的，它涉及任意赋予的象征意义，而这主要体现在语言上（Greetz，1973）。它还包括组织社会的方式，从亲属团体、氏族和部落，到国家和多民族集团，以及团体及其产物的独特形式（Ridley，1996）。

从传统艺术和媒体的角度来看，文化与文学、音乐、戏剧等领域的不同创造性表现形式有关。它通常被划分为"高雅文化"和"大众文化"，前者涉及知识精英的兴趣，后者涉及更广泛社会的娱乐和休闲。今天，对文化的谈论似乎渗透到了社会的各个方面。"文化"似乎与我们所做的每一件事以及我们的方方面面都息息相关。

人类学认为文化定义空间、时间、健康、关系、仪式和团体。人类学家博德丽（Bodley，1994）将文化的各个方面的总结如下：

主题：文化包括一系列主题或类别，比如社会组织、宗教或经济

历史：文化是社会遗产或传统，它是传给后代的

行为：文化是共享的、习得的人类行为，是一种生活方式

规范：文化是理想、价值观或生活规则

功能：文化是人类用以解决适应环境或共同生活的问题的方式

精神：文化是思想或习得习惯的综合体，它抑制冲动并将人与动物区分开

结构：文化由模式化的和相互关联的思想、符号或行为组成

象征性：文化是基于一个社会所共有的被任意赋予的意义

从诠释学的观点来看（Christopher，2001），文化提供了使社会生活可行的意义和结构。没有文化，人类的生活是无法想象的，因为文化提供了使得让社会世界有意义的共同理解。它给出了作为一个人的一些意义，并提供了一些对人性的理解。这些"意义之网"（Geertz，1973）在不知不觉中渗透到了我们的社会生活、实践、制度和日常运作中。它是如此普遍，以至于不可能将文化与个人分开。我们永远无法完全脱离我们所生活的文化，因为自我已经嵌入到了文化之中。

从进化论者的观点来看，文化是一种"适应"，它使得文化的所有者比种群中的其他形式更具有一些优势（Rose，1997）。文化有助于人类的生存和繁衍，因为它把人们团结在一起。一群相互合作并且因

为共同的文化特征得以团结在一起的人们，比个体更有生存的机会。

对文化的每一种观点都隐藏着更深层次的问题和态度，特别是围绕着改变或保持现状的必要性。以上这些方面都暗示了主流文化及其对其他文化的优越性。例如，如果文化是一种习得的社会现象，那么社会及其制度就可以利用它来保护其社会阶级、性别差异等。如果自我是嵌入在一个赋予他／她存在意义的文化中，那么西方文化绝不优于东方文化，前者强调个性和在自我实现中找到意义，而后者则关注宗族或大家庭纽带并且通过将个人归属于一个更大的团体中找到意义。

文化的心理方面

文化对于个人的优势不仅仅在于生存。归属于一种文化是会有心理优势的。归属感，就其本身而言，是一种基本的需求，能创造一种安全感。一个特定文化的成员，不管是有意识还是无意识，都会遇到这个特定文化的模式、符号、思想和价值观。它营造了一种熟悉感和生命中一些确定性的幻觉。显然，文化具有一定的心理功能。凯斯（Kaës，1987）描述了文化的四种心理功能：

1. 维持个体无差别的基础，这是归属于社会所必需的精神结构的；
2. 确保有共同防御；
3. 加强认同和区分，以确保性别和世代之间的区别的连续性；
4. 提供能指、表征和模式来处理和组织心理现实，以此组成了一个心理转化的领域。

勒·罗伊（Le Roy，1994）解释说，在前两种功能中，文化包含了个体心理的无差别的方面，在后两种功能中，文化通过引入一系列的象征性的秩序来促进心理的结构化。

文化通过构建环境并赋予其意义来保护我们免受原始焦虑。它帮助其成员升华他们的冲动和驱力，并参与日常仪式，缓解了存在焦虑。我们知道如何用文化准则和传统来处理生与死的问题。

文化与身份问题紧密相连。有时，当我们谈到文化时，我们指的是一种典型的生活方式，这种生活方式甚至定义了一个社区或一些成员所归属的团体。从这个意义上讲，谈论身份会更好。相同的习俗、规范、语言、服装、行为准则，会促进个体构建和发展出一个身份。埃里克森（Erikson，1950）认为自我认同根植于文化认同之中。在塑造个人身份时，年轻人在很大程度上依赖于文化身份，依赖于它对正确事物的标准期望和定义。文化为青少年提供了一个相对稳定的环境，有助于塑造他在社会中的角色，并帮助他投入身份形成的过程。当文化发生变化（如移民）时，这种稳定性就会动摇，身份认同的形成就会被打乱。

没有集体身份作为参照点，个人身份就无法形成。泰勒（Taylor，2002）将集体身份定义为"个体与团体中的每个成员共享的自我概念的描述性方面"（p.44）。集体身份是指许多团体身份，而不仅仅是文化团体。它可以基于人们所属的专业团体，他们的邻居，或者他们的忠实朋友团体。但是从文化中产生的集体认同感有一些特别之处，因为它几乎涵盖了生活的每一个领域。文化代表了个人无所不在的、无所不包的集体身份。因此，文化形成了一个人的人格认同的基础。

文化的心理层面或许可以解释为什么很难从中立的角度分析文化，解构文化的深层含义。当我们探索文化的意义及其潜在价值时，归属于社会的必要心理结构受到了威胁。文化就像一个安全的信封，把上面提到的那些原始焦虑联系在一起。文化是一种不言自明但往往不被分析的实体。通过质疑它的基本含义来冲击这个想象的信封，可能会破坏社会的基础，释放焦虑。如果我们质疑性别和世代之间的区别，我们将会怎样？

文化和意识

有些文化规范的维度和方面是很明显的，人们也很清楚地意识到这些。我们意识到我们所生活的文化的传统和习惯。我们可以很容易地意识到属于我们文化的礼仪和常见行为。当遇到认识的人时，我们通常以礼貌的方式问候他们，如果我们不这样做，就会显得很奇怪。语言是文化中最重要的元素之一，特别是当文化是独特的或濒临灭绝的时候。通常，来自特定文化的人在脱离他们的文化规范时，会更加意识到他们的文化规范，有时会得到我们做错了什么事情的反馈（口头上或只是一个责备的眼神）。我们清楚地知道什么样的着装属于我们的文化，并且可以很容易地通过一个人的穿着来判断他们来自另一个文化，即使我们从来没有停止定义我们典型的文化着装规范。（以上的观点假设文化是单一的。另一种可能性是，在一个看似统一的文化中可能存在无数亚文化。这个问题我们以后再讨论。）

但其中的某些文化因素更难以捉摸，也不那么明显。北美人可能没有意识到他们的个人主义方式，特别是如果他们从未在其他国家生活过。实际上，了解一种文化并对其特征更加敏感和更具批判性的方法之一就是从外部看它。只有把你自己和你的起源拉开距离，把它和其他地方比较，你才会注意到其他地方的东西是不同的。另一种了解隐藏的文化密码的方法是分析媒体，如电视广播或电影。大众媒体很好地代表了它所源于的文化（关于媒体内部隐藏的文化代码，以及媒体如何合成和复制它们，见 Williamson，1988））。

事实上，文化是无处不在的，即使我们没有注意到它的存在。它渗透在我们的日常生活和人际关系的细微之处。正如我们将在第四章关于"无具身的"和"在场"中看到的那样，文化也构建了我们的心灵，并影响我们对现实的感知和理解。在那一章中，我写到互动的中介看起来是透明的。我们可以说文化亦是如此，文化中介就是隐形的。如前所述，如果现实和存在是由社会建构的，那就意味着社会和文化在暗中和在潜意识中调解每一次互动。文化可以被看作是我们行为和互动背后的一张无形的网络。文化通过共同的意识和潜意识假设将个体连接起来（Sengun，2001）。

如前一章所述，福克斯（Foulkes，1964）创造了团体矩阵的概念，它可以被描述为团体成员在意识和无意识层面上的沟通网络。福克斯（1975）对矩阵概念的阐述进一步发展了基础矩阵和动态矩阵的概念。动态矩阵仍然是某一团体的言语和非言语交际网络，之所以是动态的是因为它经历了一个稳定的变化。基础矩阵指的是团体沟通发生的社会前提。它是"预先存在的社区或成员之间的交流，最终建立在他们都是人类的基础上"（p.212）。它确定了团体成员在进入团体之前共享的共同基础。这意味着基础矩阵将来自相同文化和说相同语言的人连接起来。动态矩阵通常被描述为叠加在基础矩阵之上，这两者之间是关于"首先由父母和家庭传播的，他们轮流传播在他们文化中什么是好的，什么是坏的，等等"的层面（p.213）。因此，动态矩阵的概念被拓展了，它包括一个文化基础矩阵，这个矩阵潜意识地、暗中地将个人与社会绑定并连接在一起。在允许同一文化成员之间进行交流的共同基础之上，我们可以依靠语言、文化和伦理的共同价值，以及对关系的共同诠释（包括性别和世代的维度）。

在过去，关于分析性团体治疗的讨论很少涉及基础矩阵，可能是因为这些团体通常在语言和文化上是同质的。当治疗师不再只与具有相同母语、种族和文化渊源的中产阶级同质团体合作时，关于基础矩阵的问题开始出现。我们可以得出结论，作为治疗师，我们不可能意识到深层文化的重要问题，除非环境改变。但是，我们是否可以谈论一个更加核心且普适的矩阵，这似乎是福克斯的术语和描述中所缺乏的？这是将人们连接起来的矩阵，基于他们作为人类的共同传承，无论他们身在何处。在当前全球化和移民的世界里，我们必须超越基础矩阵以看得更远，就这个核心矩阵提出问题。我们可能会发现（正如我们在多元文化组成的团体中所做的那样），我们所习惯的文化区分并不是不证自明的，更基本的原则是把人们团结起来而不是分开。这是互联网文化的潜力之一：能够探索这个核心矩阵。

文化以无形的纽带包围着我们。个体的心理发展过程根植于主流文化中，但个体并没有意识到它在日常生活中的存在，或至少不知道它的异质性（不知道存在不同的文化）。文化影响着我们的饮食习惯、身体接触、养育孩子的方式以及与时间、空间和其他方面的关系，但它总是存在于背景中，没有人注意到。对于来自占主导地位的多数派的人来说，尤其难以注意到他们无形的价值观和行为准则，因为他们经常把他们的行为视为理所当然的规范（Perry，2001）。例如，参加国际会议的北美人很难理解到，使用英语是在排斥他人，而且英语是他们的一种优势，甚至代表一种强大的地位。最难检验的文化过程是那些建立在毋庸置疑的默认的基本假设之上的文化过程。其一是对文化同质性的傲慢假设（即，认为所有文化都一样）。只有紧张/冲突点才会促使人们意识到形形色色的亚文化，例如有关于性别、阶级、性取向或主流/少数族裔的文化地位。正如我们之前看到的，团体分析的一个关键原则是承认并处理这些张力。

文化过程围绕着我们，包括微妙的、默认的、想当然的做事方式（Rogoff，2003）。例如，归属于多数派会让人获得特权，而它的成员通常没有意识到这点，甚至信息处理也会受到少数派-多数派的社会背景的影响（Turner，Hogg，Oakes，Reicher & Wetherell，1987）。多数派的成员倾向于认为外团体比内团体更具同质性，而少数派成员往往与之相反。也许，要了解将我们的现实维系在一起的无数微小的文化机制，方法就是让日常生活变得陌生，让它不那么理所当然。和我们平时可以理解的事物拉开距离，能够让我们豁然开朗，看到我们经常忽略的东西。为了做到这一点，我们应该摆脱种族中心主义，并能够以局外人的视角来看待我们所属的共同体。在某种程度上，互联网给我们提供了这种疏远和距离。它不仅为不同文化提供了一个会面空间，让人们接触到他们的日常信念，而且还在一个似乎平等的环境中塑造了一种新文化。这就是为什么研究网络空间中的团体为我们提供了宝贵的信息，让我们了解到来自世界各地的人们如何聚集在一起创造一种新文化。

社会潜意识的概念（Hopper & Weinberg，2011）与下述问题密切相关：我们多大程度上意识到了围绕在我们周围的无形的文化约束。实际上，我们可以把我们没有意识到的文化领域视为社会潜意识的一部分（尽管它比这些领域大得多）。我们将在第七章讨论社会潜意识。

文化和压制

我们出生在一种文化中，从婴儿时期就开始内化其规范。我们首先接触到家庭文化，它本身就根植于社会世界。随着我们的成长，我们无法逃避内化这些文化规范：如何着装、如何举止、如何说话、什么是对的，什么是错的。从出生的那一刻起，我们就被文化符号、信息和价值观所包围，它们成为我们社会身份的一部分。因此，尽管西方自由主义思想认同自由意志的概念，认为我们可以选择适合自己的行为，但实际上，这些行为的变化范围非常有限。事实上，我们没有意识到这些无形的文化纽带，这使我们产生了一种错觉，以为我们可以自由选择穿什么、怎么说话。现实中，文化是一个金笼子。它是金子做的，因为它为那些遵守它潜在规范的人提供了许多好处。如前所述，文化对于生存是必不可少的，它带来归属感，赋予生活意义，缓解深层焦虑等。只有当人们的行为与文化标准相对立时，他们才会对审查反应感到惊讶。他们突然认识到他们是如何被困在一个潜意识的模式中的。

归属于一个团体会引发一种冲突，同样，这种冲突也会在成为一种文化的一部分时出现。一方面，成员希望成为团体（社区、文化）的一部分，从而满足他们对归属感和不感到孤独的需求。另一方面，为了属于团体，个人必须放弃一些他／她的独立性和独特性，以符合规范。根据麦肯基与利夫斯利（Mackenzie & Livesley，1983）的说法，这种困境出现在团体生活的第一阶段，但实际上，只要成员属于团体，它就会持续作为背景信息存在，只不过在一开始时它可能更强或更明显。在弗洛伊德的《文明及其缺憾》一书中，他（1930a）已经探讨了个体在陷入文化和"文明"的要求与快乐原则之间的冲突时的挣扎。弗洛伊德认为，我们的本我或生物本能与文明的要求之间存在着冲突。我们可以将他的论点应用于任何一种文化或团体。这种冲突是不可避免的，而且从根本上说从未得到解决，要成为一种文化的一部分，这种冲突是不可或缺的。

仅靠觉察并不总足以使我们从隐藏的文化压制的枷锁中解放出来，尽管有时这是必要的一步。被边缘化的人和少数派将自己的社会地位和他人对他们的消极态度内化，导致其感到低自尊心。尽管在强化有利的社会身份和赋予少数群体更多权力方面有了巨大的发展，但是弱势群体仍然倾向于使用"给弱者的津贴"（Jost，1997）的措辞，低地位群体仍然表现对他人团体的偏爱（Sidanius & Prato，1999）。

一个极端的例子是在家庭暴力中幸存下来的妇女。她们受到社会孤立（而我们希望她们不再孤立），但自相矛盾的是，当她们逃到秘密避难所时，她们会变得更加孤立和边缘化（Burman，2004）。这不仅是她们自身的内在动力在影响这一过程，而且是一种制度化的社会解决方案，使得被边缘化的受压制的少数派更加孤立，尽管这些救助服务是出于良好的意图和社会意识。

互联网吸引了很多人，因为作为一种文化，它似乎比任何其他文化都更自由。人们可以自由地创造自己的身份，扮演自己想要呈现的任何角色，改变自己的性别，同时披露自己非常私密的信息。从表面上看，互联网似乎是终极的民主，每个人都有平等的地位和影响力，没有性别、种族或民族偏见，然而更深入的探索打破了这种过于单纯的看法。例如，在涉及性别问题时，网络女性主义有两种对立的方法。普朗特（Plant，1997）等研究人员认为，女性正从包围并吞噬她们的传统父权结构中解放出来。性别角色和性别认同正在被打破，我们对人类、女性气质和男性气质的社会观念正在改变。另一些人则批评这种"网络乌托邦主义"，声称互联网上的信息交换不会自动消除等级制度，并担心网络空间会简单地重建同样陈旧的性别认同的刻板印象，因为它也是由资本主义和父权社会关系构成的。

精神分析和心理治疗被假定为，在文化上无偏见并且没有道德判断。然而它们并非如此。我敢说它们也无法做到。弗洛伊德想把精神分析建立在纯粹的科学基础上，让精神分析学家扮演客观的角色。许多理论家批评了这一观点。例如，他将被动等同于女性气质就遭到了许多女性主义者的猛烈抨击（Benjamin，1998）。事实上，弗洛伊德受到了他所处的时代和地点的文化规范的制约，即使他在性方面是革命性的，当涉及社会性别问题时，他无法将自己的思想从文化束缚中解放出来。他对医生和患者、客体和主体、男性和女性的二分法和二元论深受19世纪末等级观念的影响（Frosh，1999）。将精神分析转变为一种主体间性的体验花了近一个世纪的时间，而最主要的贡献可能是后现代思潮，它解构了任何二元形式（见Aron & Starr，2013）并倡导扁平化的系统结构。正如女性主义的论述所指出的那样，公共语言一直是将女性以及其他少数派放置在"适当的地方"的一种方式，我们可以说，在心理治疗领域中，精神分析的语言扮演着正式的主导控制文化的角色。

文化是个统一体吗？——团体与文化的关系

对文化的研究提出了这样一个问题：我们是否可以把它当作一个巨大的统一体。当人们属于同一文化时，我们就会假定他们的行为和思维方式有一定的一致性。这是一个值得怀疑的假设，可能成为一种危险的误导性的过度概括。作为一个美国人意味着属于美国文化，但这是否意味着加利福尼亚人和纽约人有相似的行为规范和准则，仅仅因为他们都是美国人？如果他/她们是相似的，那么跨文化语境的连续性意味着什么？我们甚至可能质疑是否存在一种涵盖互联网社区所有成员行为和态度的统一的网络文化。越近距离观察，就越有可能辨别出团体内部的差异，而团体分裂成亚团体的过程可以无限进行下去。在某种程度上，这个问题与前面提到的矩阵的不同层次产生了呼应，因为核心矩阵连接着所有的人，而文化基础矩阵（前文定义的）是特定社会潜在的网络，团体矩阵是约束特定团体的潜在纤维。

那么，为什么人们会假定文化具有同质性呢？我们可以看到，团体通过过分强调同一性的回避策略来处理多样性（即，团体试图尽量不处理多样性）。当古老的焦虑被触发时，这个策略就会被触发。这些团体可能会忽视性别、阶级、性取向或弱势少数群体的差异。许多团体专家提到，团体成员都有一种错觉，认为存在一个团体实体，从而保持了团体的凝聚力。安齐厄（Anzieu，1984）称之为"团体客体"，塞加拉（Segalla，1996）称之为"团体自我客体"，卡特鲁德（Karterud，1998）称之为"团体自我"，科恩（Cohen，2002）称之为"团体的自我"。同样，人们也需要想象一种包罗统一的文化，以维持在这种文化中个人和团体的凝聚力、身份和安全。就像在团体中一样，他们也忽略了不同的亚文化。

文化话语在历史上和现在都与"相同"和"不同"的观念紧密相连。这个议题涉及的问题是，差异是如何被视为这样的，以及这些差异是如何通过成为主导文化的一部分而"未被注意"，从而被习以为常到了视而不见的地步。我们都知道西方文化中有一种刻板的种族主义观念，那就是"所有的中国人（日本人、黑人等）都长得很像"。菲尼克斯（Phoenix，1987）探讨了黑人女性在学术语境中被描述的方式，她们被习以为常地认为是缺席／病态的存在。这种对少数群体的态度否认了该群体之中的差异，很容易导致对少数群体的刻板印象和病态印象。一些关于"差异"的思考的方式，通过强化对绝对差异的肯定，否认了（不同团体之间的）重叠和交叉。例如，以色列人倾向于将生活在以色列的阿拉伯人视为一个统一的整体，而不区分穆斯林阿拉伯人和基督教阿拉伯人，尽管他们有着巨大的差异。这是以色列人保护自己免受（现实的或想象的）危险的简单方法，并将所有"可疑的敌人"放在同一个篮子里。同样，在大多数国家，外籍劳工被视为一个凝结的整体（尽管他们可能来自非常不同的文化），这使得他们很容易被视为被边缘化的少数群体。因此，在某些情况下，强化绝对差异可能会助长种族主义和种族隔离。

如果我们认真对待文化差异的问题，我们可以得出结论，来自不同文化的人有不同的心理、不同的心智。这一结论假定文化力量会内化进入个体的心智。我们应该记住，个人与文化是不可分割的，人的发展与人的文化是交织在一起的。说了以上这些，我们冒着为种族主义辩护的危险。达拉勒（Dalal，1998）批评了把不同的心理归因于不同文化的方式，并提供了一套其他概念性工具来思考差异，这些概念之间并不相互排斥。他进一步警告说，将不同的心理归因于不同的文化是危险的，因为这会导致种族主义和种族隔离（p.208）。如果我们将差异与价值混为一谈，他的担心就可能成真。但事实上，来自不同文化的人之间（无论是内部的还是外部的）的差异，并不会使他们更好或更坏。出于对种族主义的恐惧而否认差异，就像把洗澡水和婴儿一起倒掉一样。

让我们以霍尔（Hall，1976）对个人主义文化和集体主义文化所作的区分为例。个人主义的文化是激发内疚感的文化：不遵循他们的文化规范和规则的成员往往会感到内疚。他们的个人良知（这是社会规范的内化）是他们行为的内在指南。集体主义文化则是激发羞耻感的文化，是耻感文化。偏离预期的行为不仅会引起个人的羞耻，整个群体也会感到羞耻。这可能是一种有用的分析，但这难道不是一种过度概括吗？另一个例子是霍夫斯塔德（Hofstede，2001）提出的四个文化维度，其观点被广泛应用于多元文化研究：个人主义-集体主义，回避不确定性，权力距离，男性气质-女性气质。虽然这些不是二分法，但我们仍然可以将不同文化沿着这个轴线排列成一个连续体。这是否意味着所有来自东方的人都是集体主义者，还是所有拉丁美洲人都能容忍不确定性等等？尽管有人会认为这种文化间的粗略划分是无用的，因为它太笼统了，但它仍然很好地描述了不同文化人群行为的一般原则和动机（参见 Weinberg，2003a）。

其中一种可能有效的解决方案是，描述个人在文化共同体中的参与，而不是认为文化是由各自不同的类别组成的（Rogoff，2003）。

文化特征可以看作是多元格局中相互依存的各个方面。由于个人属于许多互相重叠的共同体，我们不能单独谈论一个人属于某一特定的文化。共同体可以被定义为一群人，他们有一些共同的和连续的价值观、兴趣、理解、历史和惯例。这并不意味着来自同一共同体的人有完全相同的观点或共享相同的利益。因此，美国人可以有一些共同的特征，但根据他们的种族渊源，仍然会有很大的不同。该解决方案也可以回答上述关于互联网非整体特性的问题。人们可以属于一个互联网共同体，但仍然没有完全相同的价值观或观点。他们属于互联网之外的其他共同体和文化，这些依然对他们的生活产生影响。

瑞德利（Ridley，1996）认为社会和文化的存在是为了将团体凝聚在一起。他的观点是生物学的，基于进化论的假设，即合作的团体比孤立的个体生存得更好。埃利亚斯（Elias，1989）从社会学的角度得出了同样的结论。他声称，随着时间的推移，在家庭中形成了一种凝聚力，这种凝聚力基于共同的记忆、依恋和厌恶。

因此，如果我们同意团体对于人类发展至关重要的观点，并且人们将自己与团体联系起来，那么问题是：属于哪个团体？这又回到了涉及身份以及众多潜在的身份的议题上。乍一看，这个问题似乎是在问一个团体和另一个团体之间的假想界限应该划在哪里。当两个团体具有明显的文化和身体特征以及明显的差异（如北美人和日本人）时，这个界限比较容易划，但大多数情况下，团体在许多特征上是重叠的，他们可能在一个维度上是不同的，而在其他维度上看起来是相似的。在许多情况下，区分"我们"和"他们"只是一种将现实简化并且分裂到更容易理解的类别里的一种简单方法。事实上，当来自不同团体的人，看起来如此不同，准备好真正与他人交谈时，奇怪的事情就会发生。如果他们已经准备好结束意识形态的讨论（这意味着只有一个真理，并且它是我的团体的意识形态）转而开始对话（这意味着它不是外部现实，而是自我参照），他们会发现他们之间的共同之处远比他们想象的多。

当然，语言作为文化身份/差异的关键中介，仍然是不可逾越的障碍。来自不同语言文化的人，当被迫使用他们的谈话对象的语言说话时，总是会感到处于弱势，被弱化了。从表面上看，语言似乎是明确区分文化的终极边界，并在不知不觉中成了主流文化实行压制的工具。例如，互联网上的交流大部分是用英语进行的，这一方面是试图将互联网统一为一个同质化的文化，同时这也给了说英语的人巨大的优势，排斥了不会讲英语的人。但是当我们转换到口语交流模式时，我们发现并不是所有说英语的人都有相同的口音。不仅美国人、澳大利亚人和英国人的发音不同，甚至也可以通过特定单词的发音来识别来自英国或美国不同地区的人。所以，语言也是如此，它似乎为不同文化设置了界限，但当我们深入研究属于同一语言文化的不同群体时，这个界限似乎再次瓦解了。

我们可以用"群体/团体"这个术语来指"一群人，他们彼此互动，作为社会系统的一部分……每个都有自己的文化上定义的目标、角色、程序规则和领导风格'"（Cohen，Ettin & Fidler，2002，p182）。这样，群体/团体就已经通过它的定义与文化联系在一起了。

> 我们可以说有内部（心灵内部）文化、家庭文化、亚团体文化（心理学家、军人、论坛成员）和社会文化（美国、以色列）等。如果团体成员来自同一种社会文化，则发展中的团体文化可以取代团体成员原有文化的价值观和规范。（Weinberg，2003a，p.264）

一些时候，团体的规范和行为模式反映了更大的共同体的文化。另一些时候，较小的团体和较大的群体的文化是可以互换的，或者不能确定谁影响谁。以家庭为例。家庭也是一个团体，它有自己的习惯、与世界联系的方式、育儿模式、性别角色和行为模式。当来自同一社会的许多家庭行为相似时，就可以推导出某种文化。同时，家庭有自己独特的文化，不反映外部城市、民族或国家文化。文化可以包括许多群体，所有这些群体都有一些共同的价值观。团体边界比文化边界更清晰。文化是一种比通常包含一定数量的人的特定群体更为抽象的存在。目前缺乏能够同时讨论群体和文化，同时又不失二者的复杂性、深度以及影响的术语。

治疗和过程团体也有自己的文化。"心理治疗团体是一个以治疗为目的的小型临时社会，所以这个团体的体验是一种文化体验"（Jacobson，1989，p.476）。但与家庭等自然团体相反，这种文化是随着这些团体的生命周期而发展的。如果我们把团体看作一个世界的缩影，我们可以从团体文化的发展中了解到更广泛文化的发展。科恩、艾廷和费德勒（2002）试图通过将团体历程应用于政治问题来做到这一点。他们甚至雄心勃勃地将政治系统划分到他们的过程团体类比中，将民主及其文化标榜为基于独立和相互依赖的人类管理形式的最发达的团体阶段。另外，雅各布森（Jacobson，1989）使用比昂（1959）关于团体发展的基本假设来描述一个幻想的统一"团体"的产生，这个团体的存在不同于房间里的个人集合。这个"团体"成为文化领域的一个客体。在将个人和他们的团体连接起来的过程中，像这个"团体"这样的文化客体随处可见。正如他所言，"这是使得我们与更大的团体（我们是其中的一部分）联系在一起的事物之一，这对我们作为团体成员的经验是重要的"（Jacobson，1989，pp.492-493）。

网络文化："我们感""自我感"和"间性存在"

在第一章中我指出，互联网允许那些较少承诺的关系。在网络论坛中，控制参与的程度不仅是可能的，而且更容易被接纳和期待。事实上，我甚至提出，参与网络论坛的程度的起起落落是其正常存在的一部分。现在让我们从网络文化的角度来加深对这一特征的理解。

根据布鲁尔（Brewer，1991），人们被两种相互冲突的需求所驱动：表达他们的个性和独特性的需求，以及归属于一个有意义且重要的更大团体的需求。我们可以讨论两种独立的身份：属于大型团体的集体身份（泰勒在2002年定义的）和人际身份（人际身份是指个体与他人之间的关系）。实际上，在这两种情况下，人们都将自己的身份与其他人相关联，无论是作为一个大型团体的一部分，还是作为一个个体。然而，这两种需求似乎是矛盾的，满足其中一种需求的同时，也会唤起满足另一种需求的渴望。人们努力寻求加入一个能够最大程度同时满足这两种需求的团体。

"自我感"（"坚持"一个人的独立个性的需求和满足自恋的需要，有时这会牺牲共同体的需求）和"我们感"（需要属于共同体或更大的存在并且放弃一些个人的自恋需求）之间的冲突，存在于所有我们调查过的任何关系层面上。正如第一章所指出的，在任何关系中，个人都要放弃一些个人自由。亲密的关系意味着关心对方（或贯注于满足对方的需求），以换取对方的照顾，希望建立一种平衡的互惠关系。这种冲突在任何更高层次的系统组织中显现出来，如家庭、小型团体、社区、大型团体和社会/政治/国家团体。

在其极端表现中，处于"自我感"与"我们感"之间的不平衡状态是有问题的，甚至是病态的。在人格层面上，回避任何人际关系的人会表现为分裂型人格障碍，只关心自己的需求而忽视其他人会表现出自恋型人格障碍。在社会层面上，忽视另一个社会（或国家）群体的需求的极端做法可能导致种族隔离、种族主义或国家主义。

作为团体分析之父，福克斯对个人与社会的两难困境有着浓厚的兴趣。就像在许多其他领域一样，他在传统方法和激进方法之间摇摆。在1967年出版的第一期《团体分析杂志》中，一方面，他对白蚁着迷，这些白蚁表面上只是个体，实际上却以无形的纽带联系在一起；另一方面，他似乎觉得自己把它们与人类作比较做得太过了，他退了一步说："当然，这些情况不能也不应该转移到人类身上，尤其是在西方现代社会，人们尤其觉得自己是独立的个体。"

在网络空间里，一个人既可以保持个性，又可以属于一个网络团体，而且不会像人们加入一个团体而不得不放弃一些自由时那样感到妥协。在虚拟空间中，我们对归属的需求和我们对自主和独立的需求之间的对立似乎消失了，或者至少减弱了。事实上，在互联网中你可以鱼与熊掌兼得，这也许意味着，尽管"自我感"和"我们感"之间的紧张关系通常让人觉得它们是同一轴上的两个极端，但实际上这些维度代表两个正交轴，可以找到一种方法同时在这两个维度上获得"高分"。它意味着我们可以在保持个体意识和主体性的同时，也感到自己与一个家庭、团体、大型团体、社会或国家的连接和归属感。

科胡特（Kohut，1971）将自体描述为沿着两条发展路线发展的自体与他人的分离。一个轴是客体-爱（一个人变得更分化，并感知到他人是独立的），另一个轴是健康的自恋（自体-客体需求出现更成熟和抽象的转变）。这些轴以平行的方式展开。同样，我们也可以讨论如何发展一种成熟的方式来保持一个人的主体性和个性，而不变得病态的自恋或孤立，同时通过融合或者失去自己的边界发展一种成熟的团体归属感和凝聚力。

20世纪80年代末，几位学者就"自我感"和"我们感"与创伤和大型团体历程相关的问题展开了争论。图尔科（Turquet，1975）提出了除比昂著名的三种团体基本假设外的第四种基本假设。他把这种假设称为"同一性"，即团体中的人往往会失去个性，融合到一块。在这个轴的另一端，劳伦斯、拜恩和古德（Lawrence，Bain，Gould，1996）提出了第五个基本假设，他们称之为"自我性"。在这种团体情况下，人们固守自己的个人边界，只沉浸在自己自恋的需求中。霍珀（Hopper，1997）认为，创伤是会在大型团体中被重现的，并概念化了他的第四个基本假设——大众化／聚集体，即团体和团体类社会系统在两极之间摇摆。在聚集体这一极端中，人们感到彼此疏远。冷漠、敌意和疏远人际关系是很普遍的。在大众化的这一极端中，对差异的否认以及团结一致的错觉盛行。我们将在下一章继续探讨这个基本假设。

在任何团体中，特别是在一个大型团体中，尤其是在社会中，我们必须努力保持多样性和统一性。多样性不应与聚集体相混淆，统一性不应导致大众化。网络文化同时允许多样性（除了互联网，我们还能在哪里找到这样一个地方，能够共存着如此多样化的声音、个人、文化，甚至语言的表达？）和统一性（我们都属于这个万维网，都感到彼此连接）。它是一种终极文化，既增强了健康的、非极端的"自我感"和"我们感"，从而形成了我们所谓的"间性存在"。

第四章

网络上的无具身性关系：在场、即时性、主体，以及（团体）治疗

导　言

对网络连接的一个常见的负面观点是，这些是"虚拟"关系，完全不同于人们面对面交流的"正常"方式。人们习惯于具身的、身体对身体的关系，把非具身的联系看成是奇怪的、"不自然的"。因此，在继续讨论网络上的人际关系和团体之前，我们应该处理一下关于网络互动的常见批评，这些批评认为这种关系是不真实的，因为网络空间中没有人的身体在场。

互联网是革命性的，不仅是因为人们相互连接或获取信息的方式，还因为其背后的哲学和心理学前提。在网络空间里身体不在场，这使得对后现代思想的探索成为可能，而这些后现代思想目前还没有得到验证。人们在网上创造不同角色、扮演不同角色、改变年龄和／或以另一种性别出现的能力，被一些心理学家认为是有问题的，甚至是危险的，但这清楚地展示了自我和主观／主体性的多面性。似乎没有了身体的连接，人们可以探索更多自我的可能性和他们的主观／主体性体验，这在互联网时代之前是被阻止的。它带来了"对人类主观／主体性的理解……它是一种局部的、多样的和适应性的现象"（Sey，1999，p.26）。

作为一种健康和自然的存在方式，多重自我的存在是心理学中主体间性和关系方法的主要前提之一（见 Mitchell，1993）。尽管人们倾向于意识到自己有一个单一的、真实的自我，并体验到自己包含（或存在）一个"自我"（self），这个"自我"带有一种存在感、完整性和完满感，但其实这个"自我"会在不同的环境、不同的人和不同的情况下发生变化。米切尔（1993，pp.114-115）写道："将自我刻画为多重的和不连续的，以及认为自我是整体的和可分离的这两种观点，似乎是矛盾的，相互排斥的。然而并非如此，人们的行为既是不连续的，又是连续的。"布隆伯格（Bromberg，1996）是另一位倡导"自我的多重版本"并存的作家。他的结论是，它们代表了不同互动图式的结晶，这种多重性也可能标志着在自我整合过程中存在着内在的、功能上的局限。

不同语言的使用可以导致自我结构的差异。对使用双语的患者的研究表明，不同的语言反映了非常不同的自我组织（Foster，1992）。问题在于，在日常生活中，没有办法尝试不同的自我状态，因此那些公开明显地表达不同自我组织的人被贴上了分离性身份障碍的标签。互联网是一个合理的，也许是唯一的，探索多重自我的途径。

特克在《生活在屏幕上》（1995）这本书中描述了，在20世纪60年代后期和20世纪70年代早期，她生活在法国，当时的文化教人们："自我是经由语言构成的，性交是意符的交换，我们每个人都是一个部分、碎片的复合体，渴望连接。"这些思想（例如拉康和德里达的思想）似乎是鼓舞人心的抽象概念，与日常生活毫无关系。"自我"在日常生活中的具身化，使人们无法像哲学家和精神分析学家所描述的那样体验他们的"自我"，即"去中心化的自我"。普通人不可能有一种体验来实现"一元自我是一种错觉"的想法。特克（1995）描述了互联网体验，使用 MUDs（Multi User Dimension，一款多人实时虚拟世界的角色扮演游戏，是最早的网络游戏之一），参与虚拟社区，在线聊天等，为众人提供了这样的体验。

这场革命不仅改变了我们对自我的思考方式，也改变了我们对人际关系、亲密关系和人类连接性的思考方式。不涉及身体的关系，这种可能性也许会让人困惑，但它也使我们对连接有了新的理解。它是一种多个自我之间的连接，实际上是局部的和去中心化的。

对关系的新认识必然会对心理治疗产生重大影响。无论我们谈论的是个人、伴侣、家庭还是团体治疗，我们都会想象人们坐在一起，看到彼此，听到其他人的声音，感受治疗师在身体上、情感上和心理上的在场。如果我们把身体拿走，改用网络心理治疗，那会发生什么？

事实上，经典的精神分析提供了一种与上述情况类似的设置，因为躺在沙发上，精神分析师在患者身后，这创造了与网络治疗类似的条件，因为治疗师也是不被看到的。那么问题也许就变成了，当其他感觉从互动中消失，有时只留下文本作为交流手段时，关系（或治疗）会以何种方式发生变化。实际上，这就是从个体精神分析转向团体分析时所发生的事情。肖尔茨（Scholz，2011）指出，与弗洛伊德一样，福克斯的创新首先是一种方法论的创新：他改变了背景——从沙发变成了圆圈（经典精神分析是躺在沙发上，而在团体里人们围坐成一圈）。这样，自由联想的规则就变成了自由讨论的规则。福克斯非常清楚一个事实，改变设置就需要改变理论。也许向网络治疗的转变也需要一个理论上的改变？

或许，与其坚持认为在线互动和在线治疗不是"真实的"互动，我们更应该首先理解人们谈论的"真实的"关系和"真实的"在场是什么意思？

在场是什么？

大多数传统观点认为"在场"涉及身体。实际上，西方社会中关系和交际的潜在规范预设了在交往中有两个身体共同在场。这些文化的潜在规范构成了个人与社会关系的观念，甚至是主体性的概念。两个具身主体相遇是为了互动、交流和建立一种关系。相应地，这种"在场"的形而上学构筑了大多数治疗方法，并因此贬低了"中介的"（非面对面的）接触。特克（1995）采访了一些学生，他们认为电脑需要身体才能产生同理心，需要带着依恋成长才能感受到痛苦。事实上，这些态度反映了他们对治疗的想象。

传统的咨询和治疗暗地里强调面对面的、实时的互动。他们中的大多数人将治疗师和来访者之间的关系视为治疗中最重要的元素，并将真实性视为生活在这个世界上的一种"健康"方式。网络空间及其影响严重削弱了这个"在场"最常见的含义。通过这样做，它们挑战了大多数依赖面对面互动的心理疗法。

让我们回到我们在前面提出的"矩阵"的团体分析概念上来。矩阵是在不同情况下将人们联系在一起的东西。它是团体中的交流网络（动态矩阵），也是社会中人与人之间的连接方式（基础矩阵）。鲍威尔（Powell，1991）认为，我们可以将矩阵描述为在我们内部或在我们外部。内矩阵是具身矩阵，容易对其进行生物学调查研究。在另一端也有外部的非具身矩阵，它包含了超个人心智的本质（这由社会潜意识组成）。这个矩阵不是基于人体的存在，而是与人际关系界面相关联。

"在场"需要身体吗？人体以两种情感承载的特征将其自身凸显，这两种特征通常定义了在场感：声音和眼神。通过听到对方的声音和看到对方的身体特征来感受对方的在场。事实上，他人看着我们并与我们交谈，会让我们觉得自己在场并"被看到"。通常，这是在团体中实现"镜映"的一种方式（Weinberg & Toder，2004）：人们观察团体中的其他成员，并通过其他人的反应看到自己的行为。眼神和声音的另一个方面是其作为权威的压制功能。这些功能源于上帝作为世界创始人的行为。当上帝"说"的时候，万物被创造了。当上帝"看见"的时候，人们觉得自己无法逃避正义审判。所以说，看和说也可以成为奴役他人的有力工具。我们可以说，声音和目光以一种重叠的方式参与到在场和连接中：一种是良性的（例如被对方看见和镜映），一种是恶性的（被对方的目光压制）。也许网络交流可以把参与者从这种压制中解放出来？

在拉康的精神分析方法中，声音是主体性的表达。表达一个人独特的声音是拥有个人思想、想法和感受的重要标志。一个团体或社会中的比较沉默的成员很容易被忽视，被认为不存在。社会上的少数群体敏锐地意识到这个教训，并尽他们最大的努力让别人听到他们的声音，有时甚至是在他们绝望的时候通过爆炸性的声音来让人听见。在一大群人中，有时人们会感到害怕，话被"卡在喉咙里了"。在一种情感隔离和匿名的气氛中，他们可能会感到对个人身份、个性和主体性的威胁（Freud，1921c；Turquet，1975）。人群似乎在毁灭和吞噬个体的主体性。当一个大型团体中的参与者第一次表达自己的声音时，他会感到非常轻松，好像承认了自己的存在。

他者的声音让我们注意到他者也在场这一事实。所以我们会通过听见他人声音而唤醒了我们对他人在场的觉察，以及有时对他或她的独特性和特定需求的觉察。同时，睁开眼睛也能激活觉察。在《创世纪》中，亚当和夏娃吃了知识树的果子后，他们的眼睛睁开了，觉察到自己的赤身裸体。觉察到自己的裸体和脆弱会带来羞耻和恐惧，但也可能成为进步的载体和引擎。西方社会和文明的成就，在一定程度上是觉察到人类的脆弱和弱点，并试图克服它们的结果。

观察者的存在区分了客体和主体。事实上，这就建立了客体和主体之间的边界。它还区分了奴役者和被奴役者，压迫者和被压迫者。这可能成为任何治疗的一个基本错误，因为总是查看、观看、分析和诠释患者（主体）的治疗师（客体）总是处于一个专制（压迫）的位置。他有力量和权力，他知道"真相"，他是"被假定为知晓一切的客体"。也许，这就是为什么精神分析中的后现代方法在本质上表现为主体间性。他们试图改变治疗中的权力结构，方法是让两个主体在治疗过程中互动，相互影响。这是对治疗关系的一种更加平衡的看法。将团体分析定义为"经由团体并属于团体的一种心理治疗形式，其中也包括指挥者"（Foulkes，1975，p.3）时，福克斯或许也意识到了这一难点。将指挥者也纳入分析中，这弱化了团体带领者的权力，这样他的干预也便于分析。互联网是否有可能创造了同样的革命，因为它通常缺乏声音和视觉，而这种方式打破了主体和客体的定义？

随着技术的进步，交流变得越来越中介化。它变得虚拟，缺乏一些"真实在场"的特征。在电话交谈中，说话人的脸是缺席的，但声音仍然很响亮。电视广播传输声音和图像，但观察者不能触摸或闻到讲话的人。互联网将这种"部分交流"发挥到了极致。它缺乏所有的特征和线索，只剩下文本。它是"间接的"、有中介的交流的原型。

但未经中介的交流真的存在吗？我们习惯于认为面对面的互动是一种未经中介的互动。它确实是未经中介的，但前提是我们要忽略说话者之间的空气，忽视他们身体之间的空间和距离。西方的基本信念是说话和思考是同在的，说话是即时直接的。写作被认为是声音的直接性的替代品，代表着不在场。德里达（1974）反对这种常见的观点，认为言语已经被书写所占据，因此是中介和衍生的。德里达的观点在互联网上得到了最大程度的展现，在互联网上写作是一种普遍的交流方式，大多数作家都曾通过电子邮件交流或在聊天室里打字聊天，他们称之为"交谈"。

在场的不同方面

那么什么是在场？ 施洛尔布（Schloerb，1995）将物理在场定义为"一个物体在特定时空区域的存在"（p.68）。他仍然相信，物理在场的一个方面，即因果互动，并不一定需要物理在场。他还补充说，物理在场支持主体性在场。根据隆巴德和迪顿（1997）的相关文献的研究，"在场"有六种概念模型。它们都将"在场"的定义为"无中介的知觉错觉"。下文将对这些概念进行阐释和总结，以及介绍它们对治疗和网络空间的启示。

作为社交丰富性的在场

在组织交流中，在场是指一种中介在与他人互动时被感知为是好交往的、温暖的、敏感的、个人的或亲密的程度。一个人传递的温暖、敏感和创造的亲密气氛越浓厚，这个人就越会被认为在这段关系中在场。在大多数治疗中，治疗师应该对来访者热情而敏感。如果不这样做，会导致患者产生疏离感，甚至可能结束治疗。例如，在自体心理学的参照框架中，治疗师的不在场可能被认为共情失败。其他的心理治疗方法，如人本或存在主义疗法，强调接纳和亲密关系在治疗中的重要性。

我们太习惯于认为这种社交丰富性只有在面对面的关系中才有可能，所以很难相信互联网连接也能产生同样的效果。实际上，甚至连电视台都可以通过电视屏幕传递这种"在场"，观众认为这样的在场或多或少是"温暖"的。难怪麦肯纳、格林与格里森（2002）得出结论（并表明），"互联网上的关系会比线下开始的关系更快地发展出亲近和亲密，因为前者更易于自我表露，而且建立在更多的实质性基础上，如共同爱好/利益"（p.11）。

在场的这一方面与未经中介的人际交流中隐含的两个重要概念有关：亲密性和即时性（Argyle & Dean，1965）。亲密性已经在上面提到（并将在后面深入讨论），在网络空间毫无疑问是可能的。即时性怎么样？

在治疗中，尤其是团体治疗中，即时性是现代团体分析方法中使用最多的一个术语。奥尔蒙特（Ormont，1996）解释说，在团体治疗中追求即时性意味着，"我们希望成员体验自己和他人在那一刻的真实状态"（p.39）。团体和关系中的即时性概念与"此时此地"的体验密切相关，它关注的是当下正在现场发生的事情。

实际上，即时性有两层含义。第一层是"未经中介"。如果我们仅在这方面进行讨论，那么根据定义，网上讨论组/群有两种中介：首先是通过另一种中介与人联系（像打电话一样），其次是在回复之间存在时间的间隔，即非同步性（像写信一样）。

但在团体治疗中，即时性有另一种含义。这一方面与"此时此地"有关，奥尔蒙特在其著作《团体治疗经验》（1992，p.43）中提到自己的"现场情感体验"。如果我们将这方面的即时性联系起来，那么我们就可以对人们在网络论坛或脸书上的写作有一种现场的情感体验，并觉察到这一点。对别人的电子邮件可能会有一些强烈的情绪反应。人们感受到的情绪是针对几天前的帖子，但他们是"现场"的。（聊天室更接近即时回应，因为互动是同步的，同时进行的。）

虽然可能会有延迟的回应，但读者的内部回应是即时的。即时性意味着"马上"，但是什么样的"马上"回应才会被认为是即时性呢？也许我们必须为互联网互动定义一种新的"即时性"？以下是国际团体心理治疗论坛中的一名参与者对这种新方法的精彩描述：

> 如果我对某人的帖子有一个即时的回应，我对它的反应也是即时
> 的。我面临着一个困境，尽管我有情绪，但是我如何通过一个没有
> 面部表情，没有声调，没有非语言信息的中介，去尝试，并与这些
> 反应去互动。我自己的方法是花一些时间仔细地遣词造句，以便
> 尽可能准确地表达我的反应，细致入微地表达我的"直接"经验。
> 诚然，这是对即时性的另一种思考方式，但它是我现在所能想到的有
> 效的表达方式。（个人沟通，团体心理治疗论坛，2001年4月7日）

如果即时性通常意味着对他人有一个即时的回应，那么在网络空
间它将变成对他人发来的信息有一个即时的回复。

现实主义的在场

在这个概念化里，"在场"被断定为"一个中介可以多大程度上看
似精确地表现客体、事件和人——这种表现看起来、听起来，和／或感
觉像是"真实"的东西"（Lombard & Ditton，1997，p.6）。这就涉及一
个古老的哲学问题："什么是真实？"这也是保守派反对网络上的关系
的主要论据，"但这不是真正的关系"。但真实到底有多真实呢？

根据拉康（1977）的观点，人类的经验有三个层次：真实的、想
象的和符号的。符号层面的经验是在进入语言的过程中获得的。从我
们出生并被赋予名字的那一刻起，我们就开始接触语言。这个世界已
经通过语言为我们构建好了。人不能脱离语言而存在。语言不仅代表
了客体，而且"创造了客体的世界"。当孩子看到镜子里的映像，而
大人说"这就是你"的时候，就创造了想象。这样，孩子就会错误地
把自己认同为并非他／她的事物。其结果就是从自体中异化出一个自

我。想象是对自我以及对它与客体的关系的完全认同。在进入符号世界（语言的世界）之前，"真实"与人类的存在有关。当我们没有觉察到任何匮乏或任何已分化的客体时，它就与最初的统一性相联系。这是一种超越的体验。

拉康的理论暗示我们大部分的存在是在符号领域里。有趣的是，我们注意到，拉康所标榜的"真实"，与人们在日常生活中所说的"真实"，是非常不同的。我们认为"真实"的东西实际上是符号性的，只是在表达现实。这个论点强调了现实表现是至关重要的，主要是语言。言语只指向其他能指，而不指向语言之外的任何实体（Barratt，1993）。德里达（1974）将文字代表现实的错觉与一个人说话时他的声音似乎承载着他的主体性和心理经验表达的这一事实联系起来。它呈现为"所指的独特体验自发地从自体内部产生了它自己"（p.20）。语言接受了一种超越的意义，或者正如桑普森（Sampson，1989，p.9）在解释德里达时所写的那样，"一种除了纯粹的存在、纯粹的自发性、纯粹的在场之外没有任何来源的本源；一个为真理本身服务的源泉"。

有几个哲学家论及真实的问题及其表征，包括柏拉图，他声称尘世的-唯物的-感官的现实只能反映理念的影子和仿制品（著名的洞穴寓言），而康德认为，我们永远不可能用我们的感官和心灵来掌握"事情本身"。在精神分析学家中，比昂（1984）区分了根本真理（他称之为 O）和智力知识（他称之为 K），根本真理可以从经验中了解，但我们永远无法真正了解。

这里的重要问题是，我们认为的"真实"是受限于诠释的，而不一定是我们的感官所感知到的。"真实"最常见的含义是我们通过感官感知到的。难道我们不能相信自己的感觉吗？事实上，不能。大脑只诠释神经元传递的刺激，而我们却相信它显示了"真相"。在虚拟现实的世界里，我们可以戴上头盔，戴上虚拟的眼镜和手套，相信电脑创造的任何幻觉，我们再也无法区分我们想象的和"真正"存在的。如果我们戴上颠倒视觉的特殊眼镜，一开始我们会看到颠倒的世界，但几天后，我们的大脑就会适应"新世界"，向我们展示"真实的世界"（和我们没戴眼镜前看到的一样）。

也许这就是像《黑客帝国》这样的电影在1999年上映后如此受欢迎的原因。它伪装成一部科幻动作片，实际上提出了这样一个问题"什么是真实的？"并给出了一个简单的答案：我们生活在一个由计算机程序创造的想象世界里。所以我们周围的世界只是一个幻觉。黑客帝国是一个网络，旨在让我们相信我们"看到"和"感觉"的世界是真实的世界。在互联网世界里，这就是实际发生的事情。人们通过看不见的线路彼此连接，与他们所面对的真实环境相关联，并归属于他们投入情感的虚拟社区。如果放在20年前，网络空间还没有变得无处不在，像《黑客帝国》这样的电影不可能变得如此受欢迎。

运输的在场

这种在场的定义涉及运输的概念，无论是用户被运输到另一个地方，还是另一个地方和它的客体被运输到用户这里，或者在互动中的两个人都被运输到另一个地方。在科幻电影《阿凡达》（2009）中，人类通过基因技术培育出半外星人/半人类的身体（称之为"化身"），他们可以将自己的意识植入其中，探索世界。这些混合的化身由基因匹配的人操作，他们被转移到这些身体里。电影男主角化身的在场是如此真实，以至于他可以与纳美人当地部落的女主角谈恋爱。

运送到另一个地方并不一定要用到交通工具。它只需要良好的想象力。当两个恋人沉浸在亲密的交谈中，他们觉得自己好像从日常的现实中抽离了出来，双双进入了一个只有他们两人共享的世界。当你看一部好电影，并完全沉浸其中时，你觉得自己好像进入了另一个世界。

治疗时间也把它的两个参与者转移到另一个世界，免受日常现实的影响。来访者经常抱怨这种治疗关系是"不真实的"，他们感觉好像被一个泡泡包围着。为了创造一个与"现实"不同的安全环境，这个泡泡是必要的。治疗性的抱持环境是一个安全的子宫，让患者感觉他/她可以谈论任何事情而不被评判。治疗师的无条件接纳和积极关注（Rogers，1957）将来访者带回到失去的童年伊甸园，无论他/她在过去是否真的有过这样的经历或只是渴望有这样的经历。治疗师通过他或她独特的在场创造了这种"虚幻的现实"。心理治疗师通过放弃自己的需求和"自我"，为来访者提供帮助，从而发展出一种特殊的在场。自体心理学将这种在场描述为准备好作为患者的自体-客体。在这个位置上，通过共情，治疗师达到了几乎不可能的"零距离接触主体"的成就（Kulka，1991）。

分析和治疗团体也可以制造这种被转移到另一个地方的错觉。这个团体一方面反映了外部世界，但它也创造了自己的文化、自己的规范和独特的行为方式。在治疗团体中，人们可以开诚布公，透露他们从未谈论过的议题，表达他们在"现实世界"中从未敢于分享的强烈感受。通过进入退行，参与者不知不觉地将该团体视为母亲，并经常激活融合的幻想（Foguel，1994；Scheidlinger，1974）。事实上，我们经常能听到人们"抱怨"在这些团体中发展的温暖亲密关系是不真实的，就像人们抱怨互联网连接一样。

虚拟现实强烈地动摇了我们对"在场"的常规感知。在虚拟现实中，人们被转移到一个想象的现实中，它很好地模仿了"真实"的现实，有时甚至无法将其与现实区分开来。虚拟现实中的物体很容易被误认为是真实的物体。当我们把一个虚拟治疗师投射到虚拟现实中进行治疗时，会发生什么？这种可能性打破了保守的治疗规范，它认为两个具身的人在互动是治疗的必要条件。我们可以进一步设想，一群人在虚拟现实中聚集在一起接受团体治疗，他们每个人都待在家里，但他们的形象被投射到一个虚拟的房间里，在那里团体会面。只要保持良好的现实感和在场感，这样团体治疗的结果就没有理由与面对面治疗不同。

沉浸的在场

"在场"的这个特征与运输的"在场"观念密切相关，因为当我们在心理上和知觉上沉浸其中时，身体就被托付给了另一个现实。实际上，这一成分支撑着想象中的运输。如前所述，治疗师的在场是决定治疗结果的最重要因素之一。这种独特的在场是通过真正地参与和专注于来访者的故事而实现的，几乎"忘记"了治疗师自身的兴趣和需求。虽然，在一开始，对来访者来说，与治疗师的关系似乎是人为的，但他们会发现自己更多地卷入治疗关系中，并且在咨询的休息期间，治疗师的在场陪伴着他们。当这种情况发生时，来访者发现自己在想象中与治疗师"交谈"，在脑海中询问他们，想象他们的答案。心理治疗师正在成为来访者的"一个良好的内在客体"。

我们可以在团体中观察到同样的现象。参与团体治疗的成员报告说，他们感觉团体在他们的日常生活中陪伴着他们，给予他们支持、力量和勇气，让他们去做之前一直抑制自己做的事情。在团体会谈期间发生的紧张关系和互动也会产生影响，这种影响将延伸至团体之外。如果这个团体代表了一个母亲的形象，它就被内化为一个鼓励孩子发展的好母亲。

奇克森特米哈伊（Csikszentmihalyi，1990）描述了一种精神状态，即一个人完全沉浸在一项活动中，既投入又专注。他称这种状态为

"心流"。当人们进入这种状态时，他们会集中精力于一个有限的领域，这样他们就会感到完全地在场，他们的焦虑就会消散。这种体验可以发生在网络空间和在线论坛上。

沉浸式的在场是网恋最明显的特征。尽管他们可能从未面对面地见过对方，但这对恋人之间的关系却非常紧密。他们认为他们的关系是真实的，给他们的生活带来快乐，比他们遇到的其他许多人更能影响他们的日常生活。当一个人与海外情人在一起时，其他人可能会称他为一个虚拟客体，但如果深究爱情关系以及其典型的理想化，情侣们以一种不现实的方式彼此联系，将他们的理想化自我投射到对方身上，创造出虚拟的客体，甚至日常见面也是如此。

从心理学上来说，我们可以说每一个内部客体都是一个虚拟客体。内部客体没有身体，没有具体的轮廓特征。它们确实是真实客体的表征，但它们并没有以真实的细节来表现这些对象。客体关系的精神分析学派基于这样一种假设：我们从出生起就将重要的人内化，作为内在表征，他们的内在关系指导我们的生活。将虚拟客体视为不真实和不重要的，意味着摒弃心理治疗中的客体关系方法，否认我们的人格是由虚拟（内化）客体组成的事实。

中介里作为社会角色的在场以及作为像中介一样的社会角色的在场

这两种在场的特征是相互交织的，不能分开讨论。一种与人或电脑角色有关，另一种与中介本身提供的线索有关。当人们在一种中介中与社会角色互动时，比如电视播音员或计算机软件模拟的某个人，人们往往会忽视这种单向的互动，忘记这种关系是如何被调节而且是人造的。"电子宠物鸡"等网络宠物可以获得"真实"宠物的特征，孩子们可能会将其视为"真实"宠物。

1966年著名的 ELIZA 软件模仿一个共情和接纳的人本主义心理师的治疗过程印象。网络心理师出现的可能性让人想起了长久以来关于"图灵测试"的争论，以及计算机是否能够完全模仿人类。在这个测试中（以艾伦·图灵的名字命名，他是第一个提出这个建议的人），一个人应该试着通过和屏幕后面的"人"对话，并且区分两个角色，判断他们中谁是有血有肉的人，谁是机器。许多科幻电影都关注这种可能性，有时会唤起人们对机器控制人类的古老恐惧（《2001：太空漫游》《黑客帝国》等），有时会引发社会和伦理问题（《人工智能》《银翼杀手》等）。在互联网时代，人们永远无法知道与我们在网上互动的人是一个"真实"的人，还是一个成熟的计算机程序。

综上所述，没有理由认为网络心理师（一种模仿心理师专业回应的机器）会对来访者产生不同于真实治疗师的影响。只要在场的错觉还在，并且通常用于人与人之间互动的社会信号在这种交流中也存在，我们就能将另一端的实体视为一个真实的社会实体，并与之建立相应的联系。

一个互联网团体的例子

虽然第五章将详细讨论团体带领者在互联网上的角色，包括他 / 她在场的重要性，但下面的例子带来了一些问题，关于他 / 她的权威可能如何呈现在场，以及不同文化如何诠释它。在提出这个例子之前，让我提醒你们，不同的文化会为团体治疗创造不同的参考框架。这些差异甚至体现在团体治疗师的称呼上，其在美国被称为"团体带领者"，在英国被称为"团体指挥者"。这不仅仅是一个语义问题，因为我们知道语言塑造了我们的思维。一个带领者有权力作出决定，并以自己认为正确的方式领导团体。一个指挥者试图将不同的声音融合在一起，在团体分析中，他／她会成为团体中更平等的伙伴。下面我举的例子将凸显这些看似细微的差异，它来自我的团体心理治疗网络讨论组（这个讨论列表将在第六章中描述）：

> 当一位新成员加入讨论时，屏幕里出现了激烈的电子邮件交流。和其他参与者一样，她绝对不是像其他参与者那样的团体治疗师，并且对治疗师也有很多批评，她针对的人正是讨论组上的成员。与此同时，她发送了如此多的信息，以至于成员们都被大量的电子邮件淹没了。有些人攻击她，有些人试图保护她并理解她。经过一番诠释干预，为了让现场安静下来，小组管理员（我，本书作者）决定采取"带领者"的立场，宣布该成员（代号S）的帖子在发布到论坛之前将由管理者审查。此外，他把她的帖子限制在一天5篇。

他的决定引起了热烈的讨论。以下是一些回复：

> 谢谢你哈伊姆。对我来说，这可以平息内心那个一直告诉我离开这个论坛的声音。论坛上发生过的事，使我很难单纯地潜水和置身事外，因为仅仅为了防止我的收件箱被团体心理治疗的信息淹没就需要大量的维护工作。我认为你的策略很好。

> 在过去几天发生的骚乱中，当关于成员S该做什么或不该做什么的话题出现时，人们通常会拿它与治疗团体进行比较。我想提出一个不同的类比。我同意成员A的看法，他说："我觉得论坛是我生命中的绿洲，是一个分享想法、结交专业和私人朋友、偶尔开怀大笑的地方。"考虑到这一点，我更愿意把这次论坛比作专业会议或工作坊。如果有人声称自己是我们行业的一员，并以成员S的行事方式进入我们的会议……扰乱、狂躁、边缘性愤怒……我知道我不会把我的注意力从聚会上移开，不会试图治疗（根据成员J的说法，

这是字典里的另一个词）或者教育那个人。我期待负责的人友好地护送那个人走出房间，并设定一些边界和限制。应该让每个人选择以一种既不会破坏聚会也不会破坏他们自己的方式参与。

我认为这就是哈伊姆所做的……我怀疑，或者更确切地说，希望5篇帖子的数量限制将在不久之后被取消，但我认为，目前收紧框架是有必要的。哦，天哪……我想我又用心理治疗来比喻了。哈哈。

到目前为止，这些信息支持领导人的干预。在这些回答中包含了一个隐藏的默认假设，即负责人（在这种情况下是论坛管理员）的任务是为越轨 / 逾矩的成员设置边界和限制。正如前面所指出的，这种假设可能是"想当然的方式"的一部分，即带领者应该依照写信息的人的文化规范行事。这些人可能没有意识到他们的期望是特定文化规范的一部分。在这一规范的背后隐藏着许多其他的文化规范，比如，一种傲慢的方式赋予带领者权力来决定谁表现良好，谁应该受到约束。

将这些回应与另一些信息进行比较：

我反对你的改变，它们让我想要放弃。

你的改变将如何影响那些经常在一天内发帖超过5次的成员？为什么要由你来决定成员 S 的哪些信息值得回复？如果她发了16个，你如何决定转发哪5个？

最近的部分问题是，其他成员无法就何时以及如何应对作出明智的判断；现在你似乎是在代表大家的利益这么做。我的经验是，它削弱和侵蚀了团体成员思考困扰他们 / 我们的问题的能力。

毫无疑问，要你这样做，压力很大。也许这就是"美国式的方式"——用权力介入并为他国解决问题。

我大声斥责。

这些信息代表了看待列表管理员行为的两种方式：一种是保护功能（创建一个安全的环境），另一种是发展功能（给团体成员单独解决问题的机会）。在各种团体的情况下，这两者都是有效的和可接受的。有趣的是，大多数支持论坛主持人的管理决定的成员是北美人，而大多数反对他的权威／独裁地位的成员是英国人或欧洲人。这一观察结果导致一种假设，即不同的回应不仅代表个体差异，而且反映了更深层次的文化差异。其中最重要的社会机构之一是领导阶层。每一种文化中对领导阶层的不同态度，以及对其在社会中任务和功能的不同诠释，都透露了这种文化难以捉摸的本质。北美人可能不知道他们如何以及为什么被视为"利用权力介入并解决他人的问题"。值得注意的是，整个辩论都发生在第二次海湾战争之后，当时美国不顾全世界的抗议决定进攻伊拉克。

通过这些回应反映出来的，关于文化对团体治疗的影响的另一个差异，是个体的观点和团体作为整体的观点。北美人更习惯于关注个人的福利和成就，也更关注团体中的个人，而欧洲人则采用更系统的观点。而个人主义是美国传统和神话中根深蒂固的价值观。从上面的例子可以得出结论，世界各地发展起来的不同团体心理治疗方法也与文化有着深刻的联系。团体分析方法，侧重于社会，看到个人和文化是相互关联且不可分割的（如第二章中提到的团体分析参照框架），在美国的个人主义文化中，它并不容易被接受，但在有传统社交聚会和理论的英国，它茁壮成长。

这个例子与前一章提到的互联网文化作为一个整体的问题密切相关。我们可以看到，虽然团体心理治疗论坛的成员都属于同一个网络社区，他们与这个社区建立了紧密的联系（彼此之间也是如此），但他们仍然坚持自己原有的价值观和信仰，这些价值观和信仰来自他们的国家或专业培训的"母文化"。我们是否应该放弃互联网是一种新文化的抱持环境这种看法？稍安勿躁。在我的一篇文章中（2002），我探讨了团体心理治疗论坛里的共同信念，并展示了团体治疗师隐藏的价值。事实上，成员们仍然属于这个网络社区，并努力讨论他们的不同观点，这意味着他们致力于围绕着他们来自的不同文化进行对话。这意味着这个团体隐藏的规范是对话，这种对话不是说服他人的手段，而是能够展示你的信仰，并让他人在相互尊重的情况下也这么做的一种方法。

总　结

考虑到上述"在场"的所有方面，我们可以总结出"在场"的意义与我们对现实的理解和感知密切相关。在后现代时代，现实不能被描述为"我们的感官所感知的"。现实是社会建构的，更多的是建立在特定社会的共识之上。正如曼托凡尼和瑞瓦所言："'现实'并不存在于世界中，并不存在于人们思想之外的某个地方，不能脱离社会协商和文化协调；现实是在不同角色之间的关系和他们的环境中，通过人造物的协调，被共同建构而成的。"（1999，p.541）"个人通过诠释网来体验'现实'，这个诠释网是由既存的社会结构生成的，这主导了他们的社会化进程，并且他们生活的'现实'通常是一个社会空间"（1999，p.545）。

现实并不是客观的东西，而是根据文化和环境的影响在人们的头脑中构建出来的，很多人都没有意识到，或者至少没有意识到。要想更深刻地理解"在场"和"现实"的意义，就需要对这些概念进行解构，分析它们在不同的社会、不同的文化中如何根据不同的本体论思想发生变化。我们还需要理解社会潜意识这一概念，它与建构社会现实密切相关。把现实看作是社会建构的，使语言成为建构现实的主要社会工具。因为语言不仅定义客体，命名客体，描述客体，而且我们如何感知世界也是由语言塑造定型的。（Derrida，1974；Lacan，1977）。

另一个结论是不存在未经中介的客体和未经中介的交流。所有的互动都是中介性的，但某些形式的中介性在主导文化中被自然化了。我们可以从德里达（1974）的论点开始，他认为言语已经被写作所占据，因此是中介的和衍生的。我们也可以说，中介之外没有互动，但中介可以看起来是透明的，因此是不可见的。但最重要的是，如果现实和在场是由社会建构的，那就意味着社会和文化在暗中和潜意识地中介着每一次互动。这就像水对鱼一样：鱼不知道自己被水包围着。在特定的文化中，无中介的错觉可能会变得更强，强化中介以引起心理沉浸感，但文化仍然会中介所有的在场体验。

这些结论对治疗的影响是无法察觉的。他们挑战了西方社会的普遍规范，即治疗应该在两个具身的人（或一群人）之间进行，这些人身体在场地进行面对面的互动。

也许我们可以采用一种新的治疗定义，在互动中涉及两个自我（或一组自我），而不是两个具身的人。自体并不等同于身体，不包含在身体里，甚至不一定驻留在身体里。"身体不被皮肤'覆盖'，它不'包含''自体'。"（Correa De Jesus，1999，p.83）。我们对网络上出现的人类连接有了新理解，这加强了新的治疗方法，描绘了两个去中心化（局部的、主体的，也是多形性）的自体，因为人们试图在一个中介空间上连接彼此，鲜有亲近接触的时刻。

第五章

边界（以及论坛管理者 /
团体带领者的角色）

导言：边界和系统

　　打开任何一本关于团体的教科书，你会发现至少有一段是关于建立一个健康团体的重要性的。事实上，边界对于任何人类系统的发展和运作都很重要，包括个人、家庭和社会团体。马勒（Mahler，Pine，& Bergman，1975）的发展理论，描述了人类婴儿如何从共生到客体恒常性，并关注分离—个体化，实际上描述了婴儿如何努力发展对他/她未来关系至关重要的正常边界。虽然丹尼尔·斯特恩（Daniel Stern，1985）提出了婴儿在一系列相互重叠、相互依赖的阶段或层次中发展，这些阶段或层次在人际关系上越来越复杂，从而从一开始就表现出了婴儿对自己/他人的觉察，但马勒发展边界的基本思想仍然很重要。米钮钦（Minuchin，1974）的结构派家庭治疗方法强调了在家庭和环境之间以及家庭子系统（如父母和孩子）之间，具有灵活柔韧的边界的重要性，重点关注了缠结（模糊的边界）和疏离（僵化的边界）这两种极端情况。在团体治疗领域，系统中心治疗（SCT）模型，由阿加扎里安（1997）开发，描述了团体带领者的主要任务是增加跨边界的沟通，致力于建立功能亚团体，并帮助他们探索相似和差异。

对于一个有活力的人类系统而言，健康的边界必须足够灵活，以允许系统与其环境之间的信息流动和沟通。当创建了过于灵活、松散和模糊的边界时，就很难区分什么是系统内部，什么是系统外部。同时也不需要过于僵化的边界，因为这将造成一个封闭的系统，无法与外部世界交换信息，并陷入其保守的模式和迷思之中。某些人格障碍（如边缘型人格障碍）导致（或源自）过于模糊的边界，而其他人格障碍（如强迫症）则与过于僵化的边界有关。如前所述，功能失调的家庭要么是相互缠结的结构，要么是相互疏离的结构，两者都是由不恰当的边界造成的。

团体中的边界

保持团体设置和边界，对于确保团体的安全和稳定很重要。在团体中，团体带领者管理的最常见的边界是时间和空间的边界。为了让治疗团体运转良好，让成员感到安全，并营造一个便利的环境，应该明确会议的开始和结束时间。事实上，如果没有明确的时间边界，当边界有所偏离时，我们就会失去诠释它的能力。同样的规则也适用于整个团体的长度和持续时间，从它的开始到它众所周知的进展到提前"死亡"（在一个有时间限制的团体中）。保持会谈的次数的时间边界可以让我们诠释会谈终止的困难，这种困难很多时候与丧失和对死亡的恐惧有关。团体的位置和空间也应该由环境物理边界明确界定。为团体提供一个固定的房间是很重要的，就像每周搭建一个帐篷，将团体的空间与其周围环境区分开来，并将日常事务和进展与团体中的事件分开。

边界对于增强团体中的自我暴露尤为重要。保密性的问题，即哪些信息只在团体内保存，这提供了边界问题的另一个例子。保护团体的边界是指挥者的任务之一，尽管并不总是清楚何时该采取实用性应对措施，或者何时只是诠释违反边界的行为以恢复团体安全感。

在讨论团体时，也应该考虑自我系统的边界。参与者需要感觉到他们能够控制曝光量和他们分享的个人信息。因此，对团体成员施加压力，让他们泄露秘密或分享超出他们所愿的信息，这都是有害的。顺便说一下，这种压力可能不是那么直接和可见的，所以带领者的角色是在团体中关注和鼓励这种自我边界的管控。有时，团体指挥者必须检查团体成员的边界是否被冒犯而他们自己没有注意到。有时，我选择干预以阻止一个成员分享太多，通过问他们是否真的想进一步探索一个议题，或者是否不知不觉地屈服于他人的期望。在一个小型团体中，自我边界可以很好地保持，因为大多数人可以很容易地控制他们的自我暴露程度。在一个大型团体中，自我边界则是不同的。虽然一方面，个体上显性的团体压力不太常见，但也有隐藏的潜意识压力，造成了大型团体成员在发言时违背了他们保持安静的本意。大型团体的成员可能会觉得自己被卷入了一个角色中，并发现自己展现出了自己从未想过会表达的立场。

边界和文化

西方文化习惯于严肃对待边界问题，认为保持边界（特别是会谈时间）对于获得成年人履行责任和商业义务是至关重要的，因此很难想象其他文化对待边界问题的差异。事实上，当一个北美人在与一个迟到的拉丁美洲人进行商务会谈时，习惯了西方规范的人很难不把拉丁美洲人的迟到诠释为粗鲁、不负责任或不尊重人。文化的镜头揭示了一个非常不同的观点：对时间边界的态度在南美洲（和其他一些非西方国家的）会很宽容，期望来自地中海的人们按照北欧人的习惯严格守时，这不现实。

除了围绕着商务会谈或多元文化接触的误解和困惑，这些差异让团体理论家面临一些问题：如果团体边界对于创造一个安全的环境如此重要和必不可少，那么世界上那些不严格遵守边界的地区的团体如何能够变得高效和成功？是什么让这些团体有治疗作用？拉丁美洲的人们需要更少的安全感吗？由于团体心理治疗文献如此强调边界，非西方/非北半球的团体似乎违背了一些所有团体共同的基本规则。

虽然对边界的需求似乎是普遍的，而且不用说一个团体中的安全感取决于保持一个严格的设置，即使自我安全所需的边界的数量是基于文化的。在成员保护隐私的需要这一方面，文化差异很大。这种保持边界的差异，不仅表现在不同社会中与人相遇时保持的身体距离的不同，还表现在一个人愿意与他所在社区的其他成员分享的个人信息的深度差异。

在一次对巴西的专业访问中（2004年8月），我被邀请到一个贫穷的社区（贫民窟），观察在社区中心的一个小屋里举行的"社区治疗"会谈。该活动每周举行一次，任何感兴趣的人都可以参加。大约有三十人出席了我们参加的会谈，其中大多数是贫民窟的居民。我很惊讶他们呈现的个人问题的水平。我以为在社区治疗中人们会谈论社区的问题，但他们提出的问题和我在我的治疗团体中经常遇到的一样。一个女人讲述了她女儿和一个已婚男人的关系。当女儿决定离开他时，这个男人变得具有攻击性，把她家里的家具都弄坏了。一天，他给这位母亲下了药，她发现自己赤身裸体地和他躺在床上。另一个人自称是在社区工作的医生，他被告知停止为穷人服务。第三位发言者有学习困难，他说他的大脑只有一半功能正常。他的朋友和他一起来的，旨在帮助他，以防他忘记说重要的事情。

后来，我问翻译员，这些人怎么能在公共场合谈论如此私密的话题。他们告诉我们，穷人一无所有，在这些贫穷的社区里，每个人都知道邻居卧室里发生了什么。在"社区治疗"过程中，许多关于边界和保密的问题与我在实践中所习惯的非常不同。人们进进出出，孩子们也在那里（有时试图向我们兜售明信片），整个活动都被记录了下来（可能是出于研究目的，但据我所知，没有征得人们的同意），在活动期间，女主人带着一些食物和饮料进来。尽管如此，与会者似乎并没有被侵犯边界的行为所困扰。另一方面，我们不能忽视翻译员在构建我概念化的叙述时所扮演的角色，也许穷人确实反对，或者他们已经习惯了被无礼对待。

虽然在非北半球国家并没有严格的边界，但是在那里的团体治疗和我们所知道的在西方的一样有效，而且治疗的内容也很相似。我们可能会说，当文化规范不要求严格的边界时，人们对于什么能在团体中创造安全感的期望是不同的。但肯定有其他东西能提供这种安全感，否则很难想象是什么促进了分享私密细节所需要的信任。那么提供安全感的因素是什么？

让我们先把这个问题先放一放，把焦点放在另一种边界不明确的团体上：大型团体。

大型团体中的边界

提醒一下，当我在这本书的上下文中谈到大型团体时，我是在叙述一种我们在学术会议中越来越常见的团体，尤其是团体心理治疗

（美国团体心理治疗协会—AGPA，国际团体分析社团—GASi，国际团体心理治疗协会—IAGP）以及聚焦于探索权威和领导力问题的会议（人类关系会议），或关注社会问题（探索冲突中的社会团体之间的关系）的会议。

　　大型团体是指一个25到35人的团体，由心理动力学主导。它的动力在许多方面都不同于那些典型的小型团体（Weinberg & Schneider，2003）。例如，在一个大的团体中，你不能期望人们如同在小的治疗团体中常见的那样亲密。那些加入这个大型团体并期待着这种亲密的体验的人，会非常失望。通常，大型团体并不关注个人，而是关注团体作为一个整体的过程，从"此时此刻"了解组织或社会历程，特别是社会潜意识（Hopper & Weinberg，2011）。

　　上面所写的关于边界的内容在大型团体中是无法实现的。这些团体的边界过于灵活多变，无法严格保持。简而言之，大型团体是一个虚弱的容器。在一大群人中，人们可能来开会，也可能缺席，而没有人会注意到他们。当团体中有数百名成员时，如果有人不来参加某个特定的会谈，或者在第二次会谈中以新人的身份参加，都没有人会注意到。并不是空间的具体边界决定谁属于大型团体，谁被排除在外。决定包容和归属感的并不是明确的边界。我们可以将大型团体理解为组织、民族或整个社会的表征。因此，我可以离开我的国家去另一个地方生活，但我仍然觉得自己像个以色列人，表现得像个以色列人，并被其他人认为是以色列人。参加一个大型团体更像是属于一个社区。参与者的参与程度和承诺意味着他们是社区的一部分。

　　在一个大型团体中，即使是自我边界也不能很好地保持。首先，一个成员可以消失在人群中，"融入羊群中"。图尔科（1975）谈到了在大型团体中对身份的威胁。这个人可能会觉得自己像机器里的一个齿轮。甚至在人群中找到自己的声音也很困难，对于一些人来说，仅仅在一大群人中表达自己的想法就像是一种成就。大型团体中的参与者经常感到他们"遭受着人格的断裂"（Anzieu，1984）。霍普（Hoppe，2009）对社会系统生活的创新性看法与此相关，它在大型团体中被强烈激活：如第二章所述，他提出了以两极形式表达的第四个基本假设：聚集体 / 大众化。当这个假设被激活时（就像在大型团体中一样），团体和类似团体的社会系统就会在聚集体和大众化之间来回摇摆。

参与或带领大型治疗团体的经验告诉我，尽管他们的边界比小型治疗团体创建和维持的边界要宽松，但他们在治疗过程中仍有一定程度的归属感和参与感。更重要的是，当一大群人有足够的时间发展并进入晚期阶段时，有时会在人群中出现令人惊讶的亲密时刻。成员从一个孤立的自我，变成主体间的相互联系，最后走向相互认可。

以下是一个大型团体在这个发展阶段的小插曲：

> 在一个欧洲国家举行的国际的会前工作坊上，有一个为期两天的大型团体，第一天团体安静了很长时间，看起来沉重而呆板。人们不能自由地说话，许多人都沉默不语，甚至当他们说话时，也似乎是在自言自语，只有少数互动和回应。大型团体的带领者努力诠释障碍，谈论了焦虑、害怕评判，以及语言困难，但并没有带来多大的帮助。有关可能消除会议主办国的身份，使其成员丧失权力的问题浮出水面，但无法直接被表达或彻底讨论。移民似乎是与这个议题有关的一个主题。
>
> 第二天开始的时候，一位带领者总结了所有可能阻碍人们说话的困难，并共情了这项任务的困难：在一个多语言、多文化的大型团体中公开发言。人们总是迟到，一名成员对这种侵犯边界的行为表示了不满。其中一名带领者表示，该组织让他想起越来越多的移民来到一个国家。随后，其中一名成员讲述了一个梦：他在街上开了一

家商店，周边还有许多其他的商店。华人开始买下他商店周围的所有商店，直到他别无选择，只好把商店也卖掉，损失了一大笔钱。这个团体对这个梦有很多联想和回应。一位成员注意到团体里没有华人，其中一位带领者开玩笑说，即使在他的梦中，他的潜意识也在努力不去冒犯任何人。

在这个阶段，大型团体的成员能够更好地沟通，倾听彼此，能够更多地尊重他们的差异。似乎形成了一定程度的凝聚力，使得松散的边界变成了想象中的既定边界。特别是，什么使相互认可成为可能？这些团体如何克服他们有问题的边界，并创造足够的安全感来允许伴随着更多个人主体间互动的脆弱性的存在？这只是一个时间问题，还是带领者在整个团体取得这些成就的过程中起了作用？在我看来，仅仅通过不打断这个过程以允许这一切发生是不够的，带领者还必须积极地诠释接纳他人的困难，并认可主观经验的正当性。带领者的积极在场和职能在于强调相互认可，这对于弥补松散的边界至关重要。为达到相互认可和接纳，应以主体间的问题为重点，以关系的方式进行团体带领。

互联网上的边界

互联网团体之间的边界似乎不存在。没有空间的边界，网络空间是无穷无尽的，也没有时间的边界，网络论坛永不停歇，人们可以一直在上面写作。然而，自我边界可以得到很好的保护。人们至少可以保持一种错觉，以为自己可以控制自己所写的东西。有趣的是，在匿名的情况下，人们往往会比面对面交流透露更多信息。根据任何团体治疗和团体历程的理论，在互联网上缺乏明确的边界，这本该会限制团体产生凝聚力的可能性，降低安全感，妨碍亲密交谈。然而，正如前一章所提到的，尽管网络论坛和在线讨论组 / 群有宽松的边界和灵活弹性的设置，自我暴露却出奇地高。麦肯纳、格林与格里森（2002）将这一现象解释为由于论坛成员的匿名性，减少了人们披露个人信息时被嘲笑或被拒绝的风险，并将其与"火车上的陌生人"现象进行了比较。据我观察，这种情况也发生在那些成员不伪装身份，也不匿名的论坛上。对于这种令人惊讶的自我暴露，一个可能的解释是，因为一个核心团体的创建和发展（见第六章），展示了宽容和开放的团体规范，并形成了一种凝聚力、"我们感"和归属感的氛围。核心团体有助于在大型团体设置中形成小型团体的错觉。核心团体的成员更多地参与信息交换，发帖更频繁，并且他们在这个虚拟的大型团体中变得更加突出和重要。有时，这个核心团体看起来是一个封闭的团体，有自己的边界，只包括某些成员，起初这种看法可能会限制新成员的参与。然而，一旦新人准备好尊重团体规范和资深人士，并准备好承担风险同时发送更多信息，他或她就可以被纳入核心团体。后来加入的新成员无法区分出，谁是几个月前加入的活跃成员，谁是从一开始就加入的成员。

此外，在互联网上写作的成员感觉能控制他们的自我边界。坐在一个私人房间里，看不到其他人，也不会被其他人看到，穿着非正式的衣服（或几乎不穿），这给人一种被保护的感觉，以及对披露的信息数量有更多的掌控感。因为作者觉得对于需要透露什么，他们有更多的选择权，他 / 她可以写很多个人的东西，特别是当团体的总体氛围是接纳和包容的。促成这些暴露的另一个因素（稍后将详细讨论）是论坛带领者的在场。

虽然网络论坛和巴西的贫民窟（前文所述的社区治疗团体）似乎是非常不同的两个社区——前者涉及发达国家和经济富足的人，后者则是非常贫穷的人——但是他们都凸显出了自我暴露的议题：安全感并不像西方世界通常认为的那样依赖于具体物理边界。社区的归属感不是由其空间位置决定的，团体自我皮肤［安齐厄（1999）使用的绝妙术语］提供了一种虚幻的虚拟包膜下的安全感，可以扩展到社区、大型团体、种族群体、国家民族等。

　　这是一封发给团体心理治疗论坛的电子邮件，很好地总结了核心团体和大型团体的现象，并描述了尽管面临障碍，但依然保持开放和参与的能力（个人沟通，团体心理治疗论坛，1998年5月13日）：

　　　　论坛的成员们，你们好。

　　　　我已经关注几个话题的热烈讨论有一段时间了，一直想要跳进这些话题，也一直抗拒着，感觉抗拒的原因有几个：

　　　　1）我同意 P 的鱼缸比喻，即讨论集中在一定数量的成员之间。当我输入我的电子邮件账户并开始查看收到的邮件时，我几乎可以猜出哪些名字会出现。然后我在心里说："哦，天哪，S、G、K、C等人这次怎么没反应了？"也许有些过度参与者会立即投入每一个主题中，从而抑制了其他成员的积极性，并没有给他们留出足够的空间，从而间接地产生了较少参与者？

　　　　这绝对是我观察和理解这个过程的一种尝试，绝对不是试图阻止任何人的一种间接方式。我个人很喜欢一些成员的热烈回应，并且已经形成了一些第一印象，当我设想将要把他们与"真实的人"进行比较时，我觉得很有趣，这个时机就快到了，在下次AGPA会议上？因此，S、G、K、C等人请继续发帖。

　　　　2）我意识到"鱼缸"里大部分是美国人，这意味着一些笑话、引用等对我来说并不熟悉。因此，有时论坛讨论使用的语言对我们中的一些人来说可能是陌生的，比如对我来说。

　　　　3）作为一个女人，我一点也不害怕，对电脑和电子邮件也没有抵触情绪。如今，我不再把对电脑的抵制视为性别问题。我认为性别差异更多的来自 M 所说的：我们中的一些人比其他人更关注脸。除非我和那个人很熟，否则我在电话里会说得很不清楚。所以我要花更长的时间才能在这个论坛里感觉到自己与他人的联系（也许这是女性特有的？）

这种态度是来自女性对他人反应的敏感，还是一种对自己所说的话仍在寻求认同的隐蔽方式？

4）一些阻抗和恐惧可能来自不回应。我个人就曾有过这样的经历：在我发布的少数几篇帖子中，比如介绍自己等，没有回应让我感觉像是站在山顶说"你好"，却没有任何回音：怪异、孤独、无人倾听、无人认可、沮丧。我看了论坛的讨论，根据我的观察，有些成员说什么都能得到回应，有些则失望了。（这当然不是我的感觉，我也没有感到失望，因为我没有真的试图加入进来，这主要是出于以下的原因。）

5）我真正的阻抗更多的来自我的选择。经过长时间的治疗后，我有时想换一种不同的方式：音乐、阅读、和朋友聊天等。我觉得自己抗拒坐在电脑前，我认为这是"工作"。因此，跳入这个主题就是在承担责任。

那么，为什么这次我改变了我的态度呢？因为，P、S、K、M、N 和 F 的帖子似乎很吸引人，他们真的关心这个过程，所以我认为这次如果我只是袖手旁观，作为旁观者看着大家讨论，那对其他人就很不公平了。

业余潜水者愿意浮出水面了。

如下一章所述，虚拟团体中也可以达到类似于小型团体中发生的亲密交谈的阶段和情感基调（见第六章中的"还是一个小型团体？"章节部分）。人们愿意表露个人事件和感受（在创伤患者自助团体中，成员可能会透露他们从未告诉过任何人的秘密），这并非只发生在匿名的条件下，而且成员们忽视了边界的缺失和容器的缺陷。这些是否可能是一种新文化的标志，在这种新文化中，自我边界变得宽松，强调隐私变得过时了？我们是否可以得出这样的结论：这个互联网"美丽新世界"不仅在国家和文化之间扩散了边界，而且模糊了自我边界，最终创造了一大块互联网的"我们感"（Lawrence，Bain & Gould，1996）？

边界和团体带领者 / 论坛版主的角色

管理网络论坛的团体治疗师：

1. 将其视为一种表达思想、交换想法和与同事联系的方式，从而否认其与团体的相似性，并对其进行技术管理。

2. 认识到网络论坛是一个团体，更注重它与面对面的团体的相似性。当他们将网络论坛视为一个团体时，一些团体治疗师更多地将其视为一个小型团体，而另一些人则认为它也具有大型团体的特质。

3. 明白了网络论坛是一个团体，在某些方面不同于面对面团体。

在这本书的介绍中，我描述了我是如何发展和改变我对网络团体的看法以及如何管理它们的，我首先关注的是它们与一个小型团体的相似之处，然后了解到一个网络论坛与一个小的面对面的团体有多么不同，以及它与一个大的团体有多么相似。直到最近，我们看到越来越多的网络团体的典型特征不同于任何面对面的团体。

在上述网络论坛没有明确边界（包括空间和时间边界）的情况下，一些其他因素应该弥补这种缺乏，以便使其成为一个更加抱持的环境（Winnicott，1986），并恢复这个会泄漏的容器的容纳功能。在这些条件下，网络团体的带领者在创造相对安全感方面扮演着至关重要的角色。带领者（在网络空间有时被称为版主，尽管这并不一定意味着他/

她通过审查某些电子邮件来管理论坛）可以通过执行好管理职能，并通过（衍生自团体治疗和团体分析惯例的）特定干预，来影响网络团体的心理氛围。

团体指挥者的管理职能远远超出了技术问题的范畴，涉及许多心理动力的潜在议题。例如，在面对面的团体中，如果团体指挥者将椅子围成一圈，这种封闭的形式会令人联想到子宫，传达出了一个完美的母性容器的含义。指挥者负责管理团体的设置，并在恰当的情况下，将进入这些边界的"外部材料"翻译转化为与"此时此地"的沟通的动力流动有关的事项。这就是为什么福克斯（1975）称这项任务——包括注意团体边界内外的事件，从而更好地理解团体的经验，称为"动力管理"。

抱持是带领者在"虚拟"大型团体中的主要职能。在一个无限的"虚拟"大型团体中，带领者的管理职能是创造一个抱持环境的关键。在面对面的小型团体中，抱持功能类似于蓝领工人的工作。带领者提供基本条件使环境更加便利，以使团体成员摆脱对物理环境的担忧，从而能够解决他们的心理问题。团体带领者在互联网上是如何实现这一功能的？最简单的是，抱持体现在对技术问题作出快速反应和解决技术难题。我们需要记住的是，当许多参与虚拟交流的成年人在进入这个未知的国度时，他们仍然感到焦虑，他们的行为就像移民一样，不懂规范和语言，依靠他们的孩子的能力和技能在这片可怕的土地上航行。论坛带领者不一定非得是技术专家才能提供帮助。他 / 她知道如何订阅和取消订阅成员资格，并将更复杂的问题指派给 IT 专业人员，这就足够了。

除了保持论坛的动力管理外，带领者还可以通过他 / 她干预的方式影响团体气氛，增加成员的安全感。亚隆和莱斯茨将团体治疗师描述为建立团体文化的人。治疗师直接或间接地塑造团体的规范，例如加强成员之间的互动，而不仅仅是与带领者之间的互动。团体带领者可以使用直接指示、社会强化或操作技术来塑造团体行为。他们还通过在团体中的个人行为，通常利用模仿给团体成员树立榜样。

出于同样的原因，虚拟团体的带领者/版主能够塑造和影响这些论坛的文化。他们甚至可以通过程序性的决策做到这一点。例如，在国际团体分析社团（GASi）的网络论坛上，版主宣布，如果有人退出论坛，他就会让成员们知道。通常，当有人取消订阅时，网络团体成员并不知道（这是这个无面孔、无边界的团体的一个方面）。这似乎是一个程序性的决策，但显然属于动力管理且有深层的动力学意义：论坛带领者正试图使虚拟团体变得更类似于面对面的团体，增加成员之间的联系，弱化网络的匿名性。

论坛带领者的在场应超出其管理职能的范围。正如我们在第四章中讨论的"在场"的概念，在场并不要求具身。在网络论坛中，团体带领者的在场是通过他/她的回应而被人感知的。首先，他/她在那里帮助人们解决技术问题，但除此之外（遵循已讨论过的"在场"的一个方面），他/她通过在互联网上与他人互动时的温暖、敏感和作为个体存在，传递出社交丰富性。这并不是一件容易的事，所以许多网络论坛没有发展到更亲密的阶段也就不足为奇了。我甚至可以说，网络团体和论坛的氛围很大程度上取决于团体带领者的态度、参与程度、对工作的投入程度和对论坛成员的热情程度。不幸的是，因为大多数网络论坛带领者是在他们的（很有限的）空闲时间里自愿做这项工作的，他们中的大多数都不将这些论讨视为团体活动（即使他们视之为团体，可是他们也不具备团体治疗师的专业技能或网络团体带领者的专业培训），大部分的网络只用于实际的信息交换，其发展不会超出团体的第一阶段。

互联网上的大多数论坛都不是过程团体。他们关注的主题是其成员感兴趣的，并在论坛标题中指明（例如，养育、法国电影、上瘾，等等）。这对带领者的干预，尤其是诠释的使用意味着什么？在任务（内容 - 过程）团体中，只有当严重的干扰爆发，团体无法继续执行任务时，带领者才应该诠释过程。只要工作正常进行，就没有必要进行诠释。这同样适用于互联网上的大型团体。没有必要让带领者去诠释这个过程，除非发生了一些危机或者团体在实现目标时受到严重干扰。例如，当团体面临将某个成员变成替罪羊的危险时，带领者的干预是必要的，最好是先进行诠释，或者提出一个包含潜在诠释的问题。

无边界的世界和对带领者的移情

进入网络空间，进入网络论坛的世界，即使是成熟的成年人也会感到不安，需要指导。网络退行（Holland，1996）影响了人们对团体版主的态度，人们认为团体版主是睿智、仁慈和强大的。实际上，这增强了比昂所说的依赖基本假设（1959）以此管理网络论坛中的事件。与面对面的大型团体相反，至少在一段时间内，虚拟环境中对大型团体中被认定的带领者的主要移情是理想化。即使团体存在了很长一段时间，这种现象也不会消失。这一现象与安齐厄的观点形成了鲜明的对比，安齐厄（1984）认为，在非指导性的大型团体中，集体移情通常表现为负性移情。

互联网上只有文字线索，缺乏线索会导致两种不同的选择。一是攻击性情绪投射，并以消极的方式诠释歧义。这在早些时候被描述为导致突发的密集的"火爆战争"。另一种可能性是，人们倾向于用理想化来"填补空白"，而非怀疑。网络团体的成员投射出优秀指挥者的品质，并将管理者的职能理想化，因为他们在这个巨大的、令人焦虑的环境中需要一个安全的客体。指挥者所要做的就是为参与者提供足够的抱持，以便长时间保持这种理想状态。

网络团体的带领者拥有很大的权力，因为在理论上他／她可以很容易地审查参与者并阻止他们向论坛发送信息。与面对面交流的团体相反，网络空间的带领者可以在没有人注意到的情况下做到这一点（而且如果这一点被人揭露出来，他／她总是可以归咎于技术问题）。好几次当我的团体心理治疗论坛的成员开始大量批判我的干预时（通常是在危机时刻，当他们需要我更多的在场，并且对我不能从动荡和激烈冲突中"拯救"论坛而感到失望），我幻想过使用我的权力阻止这些回应。我认为，作为一名习惯于修通反移情反应和自我分析自己动机的团体治疗师，我的经验帮助我避免了这些专横的反应。这就是为什么鼓励出现一个反抗型领导（下一章会提到）是如此重要，他会提醒团体注意带领者的权力和融合倾向。

借助这种媒体，互联网大型团体带领者的理想化程度得到了增强。当参与者不是很精通计算机时（大多数心理健康专业人士都是计算机初学者，甚至是计算机盲，尤其是当他们不是年轻的治疗师时），在他们开始使用网络讨论论坛时，会因为未知的情况而产生一些自卑感和焦虑感。因此，他们很容易将智慧和"电脑魔法"投射到带领者身上。在基于电子设备交流的非同步讨论论坛中（不同于参与讨论的参与者会同时出现的同步聊天室），论坛带领者有足够的时间考虑回应，即使在讨论氛围十分激烈的时候。在面对面的团体中，当过程要失控时，团体会对团体带领者施加很大的压力，要求他们进行干预。当退行的动力接管了团体，团体使用投射性认同机制，逼迫带领者采取行动时，带领者很难停留在观察模式并冷静地计划干预。在互联网上，在没有时间压力的情况下，虚拟的大型团体带领者甚至可以在出现棘手的情况时咨询同行，然后再进行干预。这使得带领者的干预更加优化，增加了带领者的理想化。

不幸的是，理想化是一把双刃剑。它助长了团体对带领者不切实际的期望，当这些期望没有得到满足时，团体就会变得狂怒。例如，在一个论坛上，当发现一个论坛的成员是一个冒名顶替者并且编造了一个虚假的生活危机时，成员们对带领者从仰慕变成了非常失望，甚至反目成仇。他们很生气，因为团体带领者事先没有发现这个成员是个冒名顶替者。

温尼科特（1958）追溯了个体独处能力的发展，矛盾的是，这种能力与他者的在场很有关系。他描述了一系列围绕玩要的关系，从婴儿和客体的融合开始，然后婴儿从他／她能找到的母亲那里获得更多的信心（从而让婴儿体验到一些神奇的控制感和全能感）。下一个阶段是孩子在另一人（指的是母亲）在场时独处的能力，这个孩子现在玩要的基础是认为母亲是可靠的和可找得到的。

我们可以说，为了独自玩要，这个人需要内化他者（母亲）的在场。然而，只有在这个渐变连续的过程中取得了一个突破，才能使"实体需要"转化为"自我需要"成为可能。能够告诉自己"我独自一人"而不感到被抛弃，这意味着确保自己和他人之间的连续性。根据温尼科特的说法，根据身体经验的想象可以产生一种心理能力。

这个过程是否让你想起网上发生的事情？卡拉·彭娜（2013年1月17日）提出，温尼科特上述的想法可以解释我们在网络论坛上的一些体验，我赞同她的看法。确实如此，这个过程与互联网十分贴切。在世界上不同的地方和不同的时区，我们可能会产生一种真实的错觉，以为我们是在一个具体的小型团体中面对面地交谈。该团体同时存在又不存在。这种与其他论坛成员一起玩的能力，是通过心理想象在我们的脑海中保持他们的虚拟在场心理练习，将物理具身的团体转化为想象中的虚拟内化团体。这首先是通过前文所描述的论坛带领者的在场，将他／她理想化为一个仁慈的"始终存在"的客体，然后理想化论坛本身（这只反映了我们的内在内容和投射）。正如温尼科特所描述的，通过修通在自己和他人之间的连续性，并最终内化他人，我们将其他论坛成员内化为想象中的朋友。虚拟团体中的参与者会觉得"我独自一人，但同时我并不孤单"。

互联网是一个无穷无尽的温尼科特式潜能空间，为人们提供了一个游乐场，让人们可以在这里自由地探索想法、进行互动、体验亲密与距离（稍后将介绍网密）、发挥创造力，以及尝试不同的自我状态。

第六章

带给人小型团体错觉的
大型团体：讨论组和论
坛的动力

介绍团体心理治疗论坛

你好，一段时间以来我一直都在"潜水"，是时候出来冒个泡了，这得益于我的同事的鼓励，他也加入了这个团体。我是新墨西哥州立大学的心理健康治疗师。我正在接受心理剧的训练。我也在大学的心理咨询中心经营一个心理剧团体。如果这里有心理剧咨询师，请让我知道，我会分享一些自己的见解，也会问一些适合这个团体的问题（个人沟通，团体心理治疗论坛，1996年2月20日）。

嗨，我是一个新成员，已经在论坛几天了，我一直试图厘清正在进行的讨论。我的名字是穆斯塔法·哈比卜。我是一名精神科医生，目前是高级精神科顾问和精神科服务负责人。在过去的18年里，我一直在做团体工作，并发现这个论坛极其有趣。我期待着从跨文化和遍及全球的经历中学习新知识。（个人沟通，团体心理治疗论坛，1998年6月26日）

你们好，亲爱的朋友们。

我不知道我的头衔是什么：一个潜水者，一个探索者，一个观察者，一个学生，还是……我是来自芬兰的非学术型治疗师。我做了20多年的私人和团体治疗，会完形疗法、超个人心理疗法、邂逅和觉察技巧。我已经写了好几本书。

我只是我的孩子和一只狗的照顾者。事实上，我是一个40岁的老孩子。我忙得不可开交（也在为我的下一本书收集材料）。

这就是为什么我在这里是一个安静地坐在角落里的学生。为了学习，我有时关注你们的讨论。现在我得回去做作业了。如果你想了解我的一些英文信息，你可以在我的网页上看我的照片（我的签名里的地址）。

下次再会。（个人沟通，团体心理治疗论坛，1997年4月25日）

好吧，好吧……

潜水了几个月之后，我觉得我应该从暗处里走出来，哪怕只有一分钟。我决定"走到边缘"，因为在这个明显的间歇期里，我意识到我是多么怀念阅读别人的帖子。

我叫××，即将开始跨文化咨询硕士课程的学习。我刚刚作为来访者完成了一个为期6个月的团体治疗，在参与团体的这段时间里，有一天我发现了这个论坛。我在团体中坐得越久，我就越发现自己着迷于团体心理治疗的一般互动和整个过程。我的潜水是试图更全面地了解这个过程，我已经从这里的人们所说的话里学到了很多东西。你的话对我特别有帮助，因为我一直在思考我要从事咨询行业的决定。

我真的很期待潜水……呃，我的意思是要学到更多……（个人沟通，团体心理治疗论坛，1997年6月4日）

以上引用的是几年前在团体心理治疗论坛上的交流，这是我在

1995年创办的一个网络论坛，目的是与世界各地的其他团体心理治疗专家交流。这些论坛（即，团体）成员的介绍展示了加入网络论坛的成员的多样性，并建立起了解他们的动力的平台。对于那些不熟悉互联网术语的人，让我解释一下，这里是一个论坛，在那里所有订阅者都会收到其他成员发给服务器的邮件，而他／她发给服务器的邮件也会被分发给所有成员。如今，从园艺到伍迪·艾伦的电影，几乎任何主题都有相应的这样的论坛。

我在本书的简介中描述了团体心理治疗论坛的开始，包括我如何开始认识到它与我的治疗团体相似（Weinberg，2001）。在进一步讨论之前，我想澄清一下，我的分析仅限于心理健康专家的网络讨论列表的团体心理治疗论坛），以及无审核的非结构化的大型团体（无审核在互联网上意味着没有人控制信息的流动，非结构化意味着该组织没有明确的沟通规则并且边界模糊）。正如我们稍后将看到的，大型团体可以成为研究社会力量和整个社会中团体间关系的重要工具。正如帕特·德·马瑞（1975）所言，"大型团体……为我们提供了一个背景和一种可能的工具来探索心理治疗和社会治疗这两极化的和分裂的领域之间的结合处"（p.146）。他建议探讨"同一群成员在相当长的时间内举行的会谈，而不是像在通常的学术会议或报告会议中那样只是突然召开短暂的会议"。互联网上的这种论坛提供了这样的机会。人们会"见面"很长一段时间（只要他们订阅了列表），交换想法，围绕他们感兴趣的领域进行交流，并参与社会互动。尽管这些会谈缺乏严格的团体分析框架，并不是出于治疗目的（大型团体也是如此，参见 Weinberg & Schneider，2003），但我们仍然可以从他们身上学到很多关于大型团体动力、团体间互动和社会冲突的知识。帕特·德·马瑞（1975）提到的在大型团体中会发展出对当前潜意识社会假设的社会洞察力和阐明，这些在虚拟现实中也清楚地出现了。

在线交流中的心理过程与机制

边界

在一个团体中设置边界可以创造安全和稳定的感觉，并有助于发展亲密关系，有助于培养参与者建立信任和敞开心扉的能力。互联网是一个没有边界的虚拟空间。从心理学的角度来看，它可以被看作是一个巨大的、无边无际的潜能空间（Winnicott，1987），提供了现实与幻想，游戏与想象，亲近与疏远。互联网没有开始也没有结束。这意味着在面对面的团体中保持良好的空间边界，在网络空间中变得模糊和无意义。另一个对面对面团体很重要的边界是时间边界。一个会谈开始于一个已知的时间，结束于一个已知的时间。但是时间边界在网络论坛中是没有意义的。可以说，在网络论坛中，团体在时间上没有起点和终点，而且没有限制地持续下去。

麦肯基（MacKenzie，1997）指出了七种团体边界结构：外部团体边界、领导边界、治疗师边界、成员的个人边界、人际边界、内心边界和亚团体边界。在互联网上，外部团体的边界肯定比面对面的团体更宽松，而其他边界需要更仔细的检验（见第五章）。

成员加入或离开团体以及团体外成员之间的关系都与边界问题有关。显然，在这些问题上，网络团体与面对面的团体明显不同。在一个面对面交流的团体中，每个新来的人都会被注意到，并且团体通常会对这种变化作出反应。事实上，在团体里有一种动力，它反映了一种家庭情况，当一个新生儿的出生时，通常会引起手足的嫉妒。新来的人就会被当作在家庭中出生的弟弟或妹妹。

成员的离开在虚拟团体和面对面团体中也有所不同。人们可以在没有被人注意到的情况下离开，这在人们可以看到彼此的团体中是不可能发生的。在某种程度上，它类似于大型的团体会谈，你不会注意到有人缺席了某次会谈或离开了团体。离开的人的消失产生了非常不同的动力，可以增加对丧失的一些否认。一些论坛领导人会努力克服这个问题，所以当有人注销/取消订阅的时候他们会告知团体成员。在我看来这意味着这些论坛领导人正试图迫使虚拟团体表现得像一个面对面团体，而不是接纳有时互联网团体有不同的动力学和特点的这一事实。我在第五章曾谈到了带领者的工作方法。

新加入论坛的人

参加团体心理治疗论坛的人被要求做自我介绍。并不是每个人都遵循这个建议。当这种情况发生时，这种自我介绍通常会引起各种各样的反应。有时新来的人会受到老成员的热烈欢迎，有时他/她的介绍会引发一些问题以及有趣的新主题。还有一些时候，通常是当这个论坛里的成员被一个热门的讨论所吸引时，这个新人就被完全忽略了。

新来者的行为会让我们想起那些加入真正团体的典型模式。有些人是沉默的，他们的在场是不被注意的。有些人想在发帖之前弄清楚论坛的规范。其他人会立即发送信息，甚至会积极参与讨论，并在大量帖子中分享自己的观点。假如这种情况发生在一个正规的团体中，这样的情况会激怒老成员，他们会觉得新来的人忽视和不尊重团体的历史和老成员。

离开团体

通过向服务器发送一个结束命令，用户可以在团体不知道的情况下终止对论坛的参与。如上所述，这就是网络团体与真实团体的不同之处，因为在现实生活中，没有人可以离开一个面对面的团体而不被注意到。为了使这个论坛更接近现实，一些话被添加到团体心理治疗的欢迎词（"合同"）中，要求人们在想要离开这个论坛时作出声明，并让其他人说再见。但仍然只有少数成员这样做，通常这样的声明伴随着一些对论坛功能的失望或批评（例如，在小问题上花了太多时间）。参与者对这种批评的反应通常是防御性和报复性的。当一个人长时间参与团体后离开，那么他／她的名字大家是熟悉的，他／她的离开也会引起强烈的反应，就像在真实的团体中一样。

以下的例子是一个离开的成员的信：

> 论坛同伴们：
>
> 前不久，曾有关于论坛成员在注销（离开论坛）之前应作一个简短的解释／告别声明的讨论。甚至在讨论之前，我就考虑过离开，但这让我更加意识到所有离开团体的人以及他们带走了什么——非成员的声音。所以，我想带着这样的声音说，我将在1月8日星期五注销。如果这个团体没有触动我，我不会花时间来写这篇文章。写这篇文章时我内心是矛盾的。虽然我可能不像其他一些作者那样热衷于这个论坛的运作方式，但我已经对它的风格和许多贡献者产生了喜爱。如果你们能出现在我的非网络生活中就好了。（个人沟通，团体心理治疗论坛，1999年1月4日）

论坛之外的通信

在团体治疗中，通常建议不要与团体成员建立社会关系。这一规范的目的是将治疗工作在团体之内进行。团体之外的接触可以被诠释为"对团体边界的攻击"。亚隆（Yalom，1995）声称，创建一个团体之外的亚团体的优先级会高于团体内关系的优先级。即使没有指示限制团体成员在团体外交往，通常也建议参与者将团体成员之间发生的外部事件带到团体内处理。

论坛中是否有平行过程？当然有。论坛成员可以在论坛之外相互写信。经常会发生这样的情况，向论坛发信的人在他／她的私人电子邮箱中收到了回复。我估计这种现象是大量存在的。谈论"团体之外的团体"是有可能的。这么做通常不会影响团体凝聚力，但有时也有事件会对论坛的氛围产生影响。

对于论坛之外的私人通信有各种各样的反应，一些人认为这是对论坛完整性的威胁。只有当存在可能分裂论坛并在其中造成利益冲突的具体亚团体时，威胁才会存在。有些人的反应是感觉自己被排斥，好像自己不够重要，不能参与论坛之外的讨论。当有人举报一封带有侮辱性的私人电子邮件时，该团体会尽力将这些信件带到公众讨论中。

在论坛之外创建团体的另一种可能性是通过现实会面。这种面谈可能发生在居住在同一社区，属于同一专业团体的成员之间。在一群心理健康专业人员中，无论他们是当地的还是国际的，都有机会在会议上进行面对面的会谈。

团体心理治疗论坛建立了成员在参加美国 AGPA 的年度会议和 IAGP 会议里相见的传统。这些会议对论坛活动有特殊的影响，尤其是因为它们是由论坛管理员发起和鼓励的。尽管这些会面与论坛鼓励和培养国际同僚关系的目的一致，但它们仍然会带来一些情绪反应，包括愤怒、嫉妒和被排斥的感觉。

第一次这样的会议是由论坛管理员（1997年，在纽约）发起的，而一些没有参加会议的成员则表达了带领者和一些成员可能形成联合的危险。这个问题的部分解决方案是写一份关于这次会议的完整报告并发在论坛上，这样每个人都可以分享经验。论坛管理人员还拍了照片，并在网上展示给每位论坛成员看。

协议

通常，一个团体根据带领者提出的合同或协议进行工作。协议规定了规则和边界（时间、保密性等），从而构建了工作框架，并创造了基本的安全感。没有协议，就无所谓破坏协议，带领者也就无法突显出偏离协议的行为并诠释它们。

论坛上的协议是不明确的。在一些论坛里，每个订阅论坛的成员都会自动收到一封欢迎信，其中指定了可以讨论的内容，并要求遵守一些基本规则。这些规则与互联网的使用有关，例如不将论坛用于非法或商业目的。在团体心理治疗论坛上，也提到了对论坛中的患者进行保密的必要性。据我多年的经验，我认为在参加论坛的过程中，这样的协议太过开放，没有说清楚什么是"对"，什么是"错"。这可能会影响论坛的边界，这是前面讨论过的问题。论坛上时不时地会出现这样的问题："这是一个治疗团体吗？"或者"私人信件可以发送到论坛上吗？"有人可能会认为这是协议不明确造成的结果，但实际上，这样的问题在任何团体中都能听到。

团体角色

从一开始，每个团体中都会出现角色，其中一些角色对团体的运作至关重要。一些角色可以促进团体处理特定问题或摆脱困境的能力，这些问题在任何团体中都是普遍存在的。团体中最常见的角色是那些服务于任务和具备情感功能的角色。大多数研究团体的作者都有过相关角色的描述。例如，鲁坦、斯通和谢伊（2007）提出了结构角色、社交角色、分歧角色和警戒角色。我更倾向于贝克（1981）的分类法，因为她引入了那些我们通常根本不认为是积极领导的角色（例如，替罪羊领导者）。她定义的四种角色是：任务型领导、情绪型领导、替罪羊型领导和反抗型领导。

　　所有这些角色也都可以在论坛中被识别出来。例如，任务型领导提醒成员要时刻围绕团体的任务。在一个论坛里，协议是含糊不清的（见上文）而且讨论可能偏离正轨，所以重要的是，有人会轻轻地把团体带回到正轨，团体成员总是比论坛协调者更适合做这件事情，因为对协调者投射的权威已经够多了。

　　这是一封来自这样的任务型领导（团体成员）的邮件，发布在康涅狄格州纽敦市（2012年12月）可怕的枪击事件后，在团体心理治疗论坛上被讨论：

> 　　B 的帖子认为纽敦的大规模枪击事件是一种罗夏墨迹似的刺激，影响着我们的个人发帖，我认为他说得很有道理。
>
> 　　……
>
> 　　以团体为导向的讨论是以社会潜意识概念化为前提的，正如成员 G 所指出的，这些可能会变成还原主义，尽管这违背初衷。现在我们似乎转向了上帝。出于什么目的？从团体的立场来看，我们讨论的动力是什么？我也没有头绪。
>
> 　　……
>
> 　　对于你们这些从事团体活动的人来说，纽敦的事件是否已经影响了你们的团体——以什么形式，以及你们是如何干预的，特别是考虑到我们自身实际存在/可能存在的强烈反移情？
>
> 　　感谢您的阅读，我对您的回复非常感兴趣，尤其是对正在进行的团体。
>
> 　　（个人沟通，团体心理治疗论坛，2012年12月20日）

　　在网络论坛上，另一个可以确定的角色是反抗型领导。根据贝克（1981）的说法，这个成员监视着作为"团体成员"和作为"自主的个人"参与之间的边界，监视着被团体凝聚力吸引和对强烈卷入的排斥之间的边界。他或她会警告团体留心带领者的权力，并提醒我们带领者总是处于滥用权力的危险之中。在一个网络团体中，版主有权审查信息，自我和他人的边界可以融合，因此，从成员中产生这样的反抗型领导是至关重要的。

　　这里有一则来自团体心理治疗论坛的成员的信息，对团体的版主（我，本书作者）和其他团体成员而言，他不断选择站在一个具有挑战性的反抗型领导的位置上。事实上，因为她有时用讽刺的方式写信息，作为列表的管理员，我很难从她的评论中记住她实际上一直在为团体服务。

> 哈伊姆：
>
> 有趣的是，在你对 S 的反应性回复中，你从"我的"视角变成了"我们的"视角。对你来说，保持在"我的"位置并与 S 的"我的"进行对话，很困难吗？演讲对他人的影响很小，甚至可以说是一张"黄牌"。
>
> 我觉得很有趣的是，H 女士在数个场合中使用侮辱性的语言，而你都没有反应。请帮我理解你的节制。
>
> 我还要请求你帮助我理解你对单词"最好"的用法（作者讽刺地指的是我的签名邮件中的"best"，那是"best regards"的缩写，意为"最好的祝福"）。在一个看起来像是私人笔记的结尾，你用"最好"这个词的时候，你想说什么？
>
> 我期待一个学术性的答复。
>
> （个人沟通，团体心理治疗论坛，2010 年 6 月 23 日）

　　团体中有一种危险情况（也是退行的原始攻击性的一个很好的例子）是，整个团体找到了一个替罪羊来攻击。在这种情况下，团体将自己的"坏"投射到替罪羊身上，希望通过攻击或驱逐替罪羊，来摆脱分裂出来的不想要的内心部分。亚隆（Yalom，1995）认为这种情况危及团体的完整性，需要带领者的干预。科瑞（Corey，1995）建议带领者将攻击者的注意力转向他们的内心世界，注意他们内在正在发生着什么。

在论坛中也会出现这种情况。当某人以某种令人恼火的或挑衅性的写作风格、过于频繁的发帖或极其恼人的回复"招致成员的批评"时，就会发生这种情况。替罪羊可以被选择来充当这个角色，因为它有一定的弱点（例如，在团体心理治疗的情况下，缺乏团体经验）。在这些情况下，会有很多针对这个人的冲动攻击，就好像所有讨论都针对于那个人。几乎所有团体中冲突和分歧出现时，通常是有人被攻击，一些人会保护被攻击的人。替罪羊过程正在发展的一个迹象是，没有人为被攻击的人辩护。也许是因为论坛上被攻击者的情绪反应是不会被看见的，所以攻击性增加了。重要的是，论坛版主要铭记贝克（1981）关于替罪羊型领导的观点，如前文所述，替罪羊型领导帮助论坛界定了团体的特定身份边界，确定了团体作为一个系统及其对广泛差异的涵容和接纳的能力。相比面对面的团体，虚拟空间中的一个无边界的团体，会更加需要界定这些边界。

投　射

苏勒尔（Suler，1999）描述了连接到网络空间的人们如何"经常感到——有意识地或下意识地——他们正在进入一个'地方'或'空间'，这里充满了一系列广泛的含义和目的"（p.1）。这几乎是不言而喻的——在网络交流中起作用的主要心理机制是投射。在缺乏视觉和听觉线索的情况下，只有文本符号来创造印象，读者用想象来填补大量缺失的数据，从而将自己的内心世界投射到书面文本上。苏勒尔（1996）写道："因为对他人的体验通常受限于文本，用户倾向于将各种愿望、幻想和恐惧投射到网络空间另一端的模糊人物身上。"（p.1）。

有趣的是，我们发现互联网上的条件，很符合传统精神分析设置的理想条件。也许在线精神分析的想法并不是那么亵渎经典。网上的精神分析学家完全不会被看见也不会被听见，只有他/她的话出现在屏幕上。这些都是精神分析学家成为空白屏幕和投射目标的理想条件。

下面是一个例子，表明了读者的投射：

> 许多人，那些和我在这儿待了一样久或者更久的人，他们都知道，当主题包含个人反思、故事、案例和实务话题时，我才会活跃起来。我羞涩地避开了（被吓住了）那些更学术性的、涉及专业术语的、智识性的主题。虽然论坛上的硕士和博士大部分都是"真实的"人（原文如此），但我缺少学位（以及对"已发表作品"和参考资料等的了解），这让我害怕提出"愚蠢的"问题。所以，我读了这些帖子，学到了很多东西，但在团体中经常感到孤独。（个人沟通，团体心理治疗论坛，1998年11月14日）

除了书面文本之外，缺乏其他线索，这种情况为投射提供了许多来源。在面对面的互动中，人们依靠文本、视觉、听觉甚至嗅觉的线索来诠释说话人的句子的意思。这是非常普遍的现象，以至于人们没有注意到这些方面中的每一个对于（他们认为的）准确理解说话者是多么重要。此外，听者通常会用肢体动作（如点头）和面部表情来暗示他在听，并确认他是否仍然理解说话人的意图，从而形成一个反馈循环。

如果我们把视觉元素从日常交流中去掉（例如，在电话交谈中），我们仍然可以通过声音及其细微差别来判断对方的意图是幽默的、悲伤的还是讽刺的。所有这些潜意识和微妙的暗示在网络交流中都消失了。互联网留下了文字作为唯一的诠释来源，这导致了许多误解。人们很容易将中性的句子诠释为带有敌意或伤害性的，并可能对这种错误的诠释作出攻击性的回应。许多文字大战（在互联网上称为"燃烧"，英文原文为 flaming）在网上都是从一个幽默的评论被读者片面地当成是侮辱开始的。

以下是团体心理治疗论坛上的信件交流，很好地例证了这一现象：

> 我注意到你经常使用"嗯……"，这让我很困惑，它在各种情况下意味着什么。我不知道这是否是你的意图，但在我看来，这是装模作样地掩饰愤怒，可能会削弱你的一些帖子里更重要的部分。（个人沟通，团体心理治疗论坛，1999年12月12日）

（我猜想，读到以上句子的大多数人，都会联想到罗杰斯主义 / 人本主义的心理治疗师为了表达他们的共情而发出的"嗯"声。有趣的是，互联网上的这种"嗯……"根本就没有被诠释为"共情"。）

对该成员的回应如下：

事实上，无论何时，当我输入"嗯嗯嗯……"时，这表明我正在对刚才所说的内容进行进一步的思考，我需要时间把这些想法转换成适合这个团体的形式。其实我有点惊讶，因为我并不是真的生气，但你觉得我上面的回答似乎很生气。（个人沟通，团体心理治疗论坛，1999年12月12日）

还有另一个回复：

> 不管怎样，当你说"嗯嗯"的时候，我脑海里的印象就是我妈妈抱着双臂，跺着脚，用指责的目光盯着我："这么说饼干今天早上还在这里，现在都不见了，但你没有吃？"（个人沟通，团体心理治疗论坛，1999年12月13日）

在网络论坛上主导场面的不仅是投射。投射认同机制也出现在这些讨论中，尽管它们更难以被注意到。在激烈的讨论中，它们更容易被识别出来。当"燃烧"开始时，它们会把论坛的许多成员赶走，驱使成熟的成年人出现退行的行为、冲动的反应和说出不尊重的话语。论坛里的敌意被投射到成员身上，他们认同了这种投射，自己也变得充满敌意。这个过程使得很难识别谁是攻击者，谁是被攻击者。这种困惑混乱是如此强烈，以至于在同一封信中，你会发现发人深省的、明智的建议夹杂着侮辱性的言论。以下两句话出现在同一封电子邮件中。

> 我可以尽可能礼貌地建议，当你有强烈的情绪反应时，你需要花点时间，在回应之前多考虑一下吗？与此同时，我认为你要么非常年轻、没有经验，要么非常粗鲁和无礼。（个人沟通，团体心理治疗论坛，2001年3月7日）

退行

退行过程在治疗团体中很明显，表现为使用原始的防御机制，退行回到早期的客体关系，以及对带领者和团体的依赖。例如，团体形成阶段的模糊情景造成了退行（Rutan，Stone & Shay，2007），成员期望带领者将他们从不知所措的焦虑中解救出来。退行也经常出现在网络论坛中。谢尔默（1996）观察了互联网上的三种退行症状。第一个症状是原始的攻击性，表现在诽谤战和激烈的辩论中。另一个症状是性骚扰，比如在只知道彼此的网络签名的情况下，就粗鲁地邀请对方。最后一点是异常慷慨：完全陌生的人会花费几个小时来相互发送研究数据。那些素未谋面的人，仅因为他们在网上认识，就愿意互相提供各式各样的实际帮助。读者可能会想，为什么慷慨会被认为是一种退行。原因是人们不激活他们在面对面交流中使用的现实检验，并以一种模糊自我和他人之间边界的方式暴露他们的脆弱性（Weinberg，2006）。在电子邮件中，作者的匿名性和回复的即时性助长了退行。

移情

所有写作团体治疗相关内容的作者都用了很多篇幅来描述团体中的移情（Fehr，1999；Rutan，Stone & Shay，1993；Yalom，1995）。团体中的移情存在于对领导者、团体中的成员以及对整个团体。团体的独特之处在于出现多重同时移情的可能性。因为互联网没有视听线索，使得对作者和所写内容的意义产生大量的投射。苏勒尔（1996）写道："因为对他人的体验通常受限于文本，用户倾向于将各种愿望、幻想和恐惧投射到网络空间另一端的模糊人物身上。"

论坛上的每个读者都创造了一个写作参与者的内在形象。这些形象可以是作者的年龄、外貌、性格，甚至性别。外国名字也给读者带来了挑战。读者对论坛上的每一位经常出现的作者都有自己的看法。例如，一个人可能会在没有阅读的情况下立即删除一些作者的帖子，因为这些帖子通常令人恼火或无聊。其他作者可能会被认为有一些特质，如智慧、经验或冲动。对论坛管理者的移情在本书第五章中被讨论过。

镜映

镜映在个体治疗中是一个重要的组成部分，自体心理学非常强调镜映（Kohut，1971），团体治疗也非常强调（Foulkes，1964）。从表面上看，电子邮件通信缺乏镜映。在前一章中，我们讨论了这种镜映缺失的后果，以及它与神经生物学和镜像神经元的关系。缺乏镜映导致无法检验或确认作者的表达。这是一个典型的大型团体现象（参见Weinberg & Schneider，2003），这就引出了下一个话题。

大型团体或小型团体动力

这里要讨论的问题是，治疗团体中常见的现象是否也出现在网络讨论列表中。更具体而言，论坛本质上是类似于一个大型团体，还是说这些现象更类似于在一个小型团体中遇到的现象？这两种团体有时表现出不同的动力（参见 Weinberg & Schneider，2003）。我们还应该考虑另一种可能性，那就是互联网团体更像是一个鱼缸：一个大型团体中的一小部分成员参与其中，而更多的成员则静静地观看。

它是个大型团体吗？

让我们先来看看大型团体的定义，看看网络团体是否符合这个定义。区分小、中、大型团体的一种方法就是看其人数。一个小型团体最多可达15人。15到25名参与者组成了一个中型团体（de Maré，Piper & Thompson，1991），从25或35人开始，我们处理的就是一个大型团体。如果我们遵循这个标准，一个网络团体通常是一个大型团体，因为它由许多人组成，有时甚至是数百人。

但很明显，只根据房间里的人数（或在列表服务器上注册的人数）来定义一个心理概念是不可取的，因为它是基于肤浅的表面因素。此外，事实上并不是所有的成员都参与了每一次讨论。我对大型团体的定义遵循图尔科的观察："……达到了这样的数量，这群人就不能再面对面了"（1975，p.88）。因此，我对大型团体的实用 - 结构性定义可以是："任何拥有如此众多参与者的团体，他们不能被一眼望尽。"（Weinberg，2003b）。这样就从定义上使得网络团体成为大型团体，因为人们根本无法看到彼此，因此注册成员的实际数量对参与者来说并不重要。这个定义强调了在一个团体中看到每个人的重要性。要获得亲密感，看得到每个人是必要的，这是典型的小型团体动力。

关于大型团体的动力已经写了很多。席夫和格拉斯曼（Schiff，Glassman，1969）描述了随着团体规模的增加而发现的一些变量。这些因素包括更倾向于亚团体化，个人说话的机会更少，感情纽带淡化，对他人的熟悉程度降低，以及倾向于出现更积极的带领者和非常沉默的成员，以及对个体有更大的威胁。德·马瑞、派珀和汤普森（De Maré，Piper，Thompson，1991）认为，大型团体具有威胁性、抑制性和挫败性。一开始，个体可能很难找到自己的声音和位置。它们还表明，在大型团体中出现的主题包括了社会和宏观文化方面，这是人类处境的一部分，如疾病、死亡、阶级、种族、政治等。在他的论文"互联网和大型团体"中，戴维森（Davidson，1998）得出结论，论坛中的交流过程可以被比作大型团体的动力，一个内在心理、人际、政治、专业、文化和社会反思探索之间不断发展的界面。

网络论坛上让我们想起大型团体动力的主要现象实际上与前文提到的缺乏镜映有关。通常，大型团体中的参与者没有听到回音，也没有得到对他们所说的话的回应（有时是在长时间犹豫表达自己的声音之后）。当一个人的信息没有得到任何回应时，这个人会觉得自己的声音好像消失在了网络空间里，这增加了一种迷失在人群中的感觉（Weinberg & Schneider，2003）。这类似于图尔科（Turquet，1975）所描述的在大型团体中对个体身份的威胁。当这个论坛忽略了他们时，人们会感到受伤或者不被重视，有时他们会愤怒地报复。发帖的作者会自问："难道我如此微不足道？难道我的话毫无意义？"（Weinberg，2003b）

> 当我的话语似乎消失在网络空间时，我也受到了影响，感觉自己不被听见、无关紧要、渺小等。我发现，当这种情况发生时，我要么安静地退缩一段时间，要么"更大声地叫喊"回来。（个人沟通，团体心理治疗论坛，1998年11月14日）

似乎当个人被忽视时，就会出现异化和自己只是"机器上的一个齿轮"的感觉。个体在这个虚拟团体中很难找到他/她的独特位置，就像在一个大型团体中一样，人们感受到失去自我的威胁。

> 我想知道为什么我在这里会感到这种焦虑——事实上，在和这个团体的关系里，我很想知道为什么。我想这与成员 N 的观察有关，他发现在这个团体中很难找到一席之地。我也有过这样的经历，我感觉"核心"成员之间有一些我不理解的玩笑（感谢 N 用文字表达了这一点）。那种感觉就像把鼻子贴在玻璃上，想要进去却又不知道门在哪里（如果我知道门在哪里，我会不会走过去转动门把手呢？）我很了解自己和团体，知道这更多是关于我的，而不是关于团体的成员；尽管如此，这一切都发生在一个电子化的团体里，这让我着迷。（个人沟通，团体心理治疗论坛，1999年1月8日）

> 当我的某个帖子没有回应时，我也感受到了空虚。有时我想象至少有一个潜水的成员（在300多人中）在沉默中作出了积极的回应。我不知道为什么我经常把缺乏回应与负面情绪联系到一起……（个人沟通，团体心理治疗论坛，2001年3月29日）

这些小片段阐明了寻找声音的困难，来自人群的威胁，面临大众的焦虑，以及众多声音所产生的困惑。这些都存在于论坛上，就像我们在大型团体中会看到的一样。

对电子邮件交流的表面概述加强了大型团体的印象，因为它显示出了在我们面对面的交流中所见到的相似之处。论坛中所表达的各种声音和主题，造成了一种混乱和泛滥的感觉。连接到网络空间往往与疏离感有关。具有退行倾向的冲突情境和强烈情绪可能会控制局面。起初，向网络发送信息并在人群中找到自己的声音和身份似乎是有风险的。

然而，另一个类似于面对面的大型团体的议题会出现，它出现于当成员以一种看似无关的方式同时讨论很多不相关的主题时。有一种感觉就是人们彼此置若罔闻。要跟上一条"主线"（在网络上的常见表达方式，意思是一个主题上的一连串信息）是很困难的，因为在同一时间可能会有很多声音——书写式的杂音。一些成员可能会不知所措，从而保持沉默。

人们似乎很容易因被忽视和误解而受到伤害，甚至自恋受损。作为对这种创伤性经验的回应，团体似乎会聚集起来，然后寻求同质性，直到论坛恢复其凝聚和一致的经验，工作团体被重新建立，这一序列与霍珀（Hopper，1997）在大型分析团体中描述的过程相同。

大型团体的另一个突出而危险的特征是，他们倾向于使用原始的防御机制，如分裂和投射性认同，导致偏执的气氛，攻击性的表达，并使交流变得毫无意义。"由于大型团体，就规模而言，令人沮丧——它产生仇恨"（De Maré，Piper & Thompson，1991，p.18）。这就是发生在一些论坛中的事情。在一个对公众开放的讨论心理问题的论坛中，一名参与者开始向成员发送大量侮辱和攻击性的信息。受到伤害的成员以反击或侮辱的方式进行报复。气氛变得激烈起来，没有人听对方说话，仿佛对话是不可能的。结果，作为对这一事件的回应，论坛管理员不得不关闭论坛几天，并对审核批准信息制定了新的严格规定。

在大多数情况下，团体心理治疗论坛已经形成了不同的交流规范，这体现了相互尊重。这可能是因为这份名单上的成员都是成熟的心理健康专家，他们知道这个过程，并且在出现问题时乐于讨论它。在团体心理治疗论坛中，有更深层次的动力涉及对原始攻击的回避，这在互联网和大型团体中是很典型的，与精神健康从业者社区的规范（其中一些参与者并不知道）有关。然而，有时，即使是这个相对专业的论坛也会爆发"论战"。有趣的是（以我的经验来看），它发生在社会问题和国际冲突之间。

团体心理治疗论坛的独特之处在于，成员们可以观察这个过程并与之相关联，因为他们自己就是经验丰富的团体治疗师。下面是关于这个过程的一个例子：

> D、C 和我所关注的关于参与论坛的主线，引发了我对自己在这个论坛里的经验的一些反思。我期待与其他专业人士进行关于带领团体和团体动力的对话。我发现很难确定这个论坛的规范。有些成员似乎通过论坛上的联系和在会议上的会面而彼此熟悉。这种外部联系改变了这些成员之间"团体"的动力。话题变化如此之快，以至于我很难在它发生变化之前就在内部处理它。
>
> 我也观察到关于"团体带领者"角色的不同观点，以及治疗学派的不同思想。在发表的评论中，这些似乎往往没有得到认可。我想知道，当这些差异没有得到认可的时候，我们是否会互相忽略。当讨论一个特定的话题时，这个论坛似乎对我最有帮助。（个人沟通，团体心理治疗论坛，1998年11月8日）

还是一个小型团体？

到目前为止，我们探究了网络团体如何像一个大型团体，但在其他时候，在网络论坛中发生的事情与我们期待在大型团体中看到的事情并不一样。庞大的团体导致成员之间很难建立重要的人际关系，也很难在成员之间建立亲密关系。厄尔·霍珀（Earl Hopper，1997）描述了聚集体 / 大众化的第四个基本假设。当这个基本假设被激活，而且在一个大型团体中通常是被强烈地激活时，就没有个人的空间，也没有独特的声音的空间。据此推断，人们应该只期待论坛上有少量的自我表露，对任何自我暴露也只有少量的回应。在互联网上的自我暴露是无法预期的，因为在缺少边界的虚拟世界中，一个讨论小组的时间和空间的边界不存在（这不同于典型的面对面分析团体），所以安全水平应该很低。每个成员在他或她认为合适的时候发送帖子，并在他或她时间方便的时候阅读论坛上的信息。成员总是在进入或离开论坛，作者并不知道在特定的时间里谁是论坛中的成员，以及除了常规成员之外还有谁可能阅读这些帖子。所以很明显，要想获得自我暴露所必需的安全感，面临许多障碍。

基于以上假设，论坛上的高水平的私人袒露是相当出乎意料的。例如，团体心理治疗论坛被认为是一个有凝聚力的社区，许多成员都感觉自己深深融入其中。这个论坛对他们的职业生涯以及其他方面都很有意义。成员之间建立起亲密的关系。人们与他人分享痛苦的事件，例如，自己和他人的死亡或即将死亡、慢性和急性疾病、职业危机等，收到许多共情和关心的回应。

论坛上出现情绪基调的一个例子是，其中一名成员失去了他刚出生的儿子。他在论坛上发表了一封非常感人的信。下面是其中的一段话。

我的心都碎了——言语无法表达我的悲痛，直到现在我才意识到这种痛苦的深度是无法理解的。我感到一波又一波可怕的悲伤和彻底的困惑。我确信愤怒将会到来，尽管它还没有表现出来。（个人沟通，团体心理治疗论坛，2000年7月2日）

他的电子邮件引发了一波又一波的回复，他们都饱含感情地表达了哀悼慰问并分享了个人丧失。

当我写下这些文字时，我的眼泪在滴落，这种"湿润的力量"反映了你与你刚出生的儿子强烈的情感连接和你的丧子之痛。（个人沟通，团体心理治疗论坛，2000年7月2日）

我一直没有回复这里发生的许多主线，但是，你的帖子感动到了我。我和你一起哀悼。我无法想象比失去孩子更痛苦的事了。（个人沟通，团体心理治疗论坛，2000年7月3日）

有必要了解这个大型团体的成员如何设法忽视它的广大（人数多且缺少边界），并仍然感到有足够的安全感，以写这样的私人信件。

尽管许多参与者素未谋面，但他们可能会对彼此产生情感，感到亲近或愤怒，甚至通过阅读一些成员的帖子而鄙视他们。以下是一封关于团体归属感的电子邮件：

就在几天前，我突然有了令人惊讶的发现。我认真地阅读了所有的信息，并得出结论：我一直把这个论坛当作一个真实的、活跃的团体来对待。也就是说，即使我没有大声说话，你们都"知道"我在房间里。因为我能"看到"和"听到"你们所有人（通过你们的帖子），我以为你们都知道我的存在。这就是我决定写出来的原因。我希望你们能意识到我的存在，即使我经常沉默。

在这个虚拟的团体中有许多其他的团体动力，看起来与我们在面对面的小型治疗团体中所熟悉的相似。以下是一些例子。

1. 平行过程：当团体成员在团体工作中讨论一个问题时，参与者可能会活现他们所谈论的现象。例如，这个论坛讨论的是当一些治疗团体的成员垄断会谈时该怎么做，与此同时，似乎有一些垄断者正控制着论坛上的讨论。

2. 潜水者：这是一个网络用语，指那些只阅读电子邮件而不积极参与的成员。这类似于一个团体里沉默的观察者，当这个问题被讨论时，会引发一些反应，从愤怒到冷漠，这些反应我们在一个团体中同样也会看到。然而，网络潜水者和沉默的团体成员之间的一个明显区别是，网络团体可以忽略他们，直到他们的存在被提到。在一个小型团体中，要长时间忽视一个被动的、不说话的成员是非常困难的，在这方面，网络论坛更像一个大型团体，在那里沉默的人可以不被注意。

3. 团体讨论结束后的联系和亚团体：如上所述，在真实的团体中，有可能"通过秘密渠道"（私下里）向另一个团体成员写信。有时成员们在会议之后还会到对方的家中拜访，这更加背离了面对面的团体治疗规范。有时这种实地拜访会在团体中被揭露出来，就像在现实生活中一样，此时其他成员可能会感到被排斥（实际上，团体心理治疗论坛已经建立了一个团体规范来揭示这些会面）。

4. 移情：网络上没有非语言交流（除了用来暗示说话人意思的特殊微笑/悲伤的符号——表情符号），这一事实使网络成为了投射和移情的完美场所。成员们对其他参与者产生了一种印象和情绪。

或者这是一个鱼缸团体？

但也许论坛更像一个鱼缸？在论坛中，参与某一特定问题讨论的人数通常是10到15人。其他人，可能是在观察讨论，但不写任何内容。这类似一个鱼缸，一小部分成员参与讨论，其他人不介入，只是观看。他们的存在可能几乎被遗忘。然而，当我们仔细研究这个问题时，我们发现鱼缸的边界比论坛的虚拟空间的边界要严格得多，在论坛中，所有参与者都可以随时加入。事实上，每一个问题都会带来新的讨论者。大多数时候，这个论坛给人一种小型团体的错觉，忽略了许多观察者。这意味着每个讨论的问题都围绕着一个小型团体，表现得像一个小型的分析团体，忽略了周围数百个沉默的观察者。没有文字，就没有证据表明沉默成员的存在。他们很容易被遗忘（或者被忽略）。这种现象也可以被诠释为似乎是配对的基本假设占了上风（Bion，1959），促使一个小亚团体的成员来完成整个论坛的工作。这些人可能有意或无意地想要发送他们的帖子来"拯救"这个论坛，使其不至于陷入沉默和衰退。

随着网络团体的发展，一个稳定一致的亚团体建立了，他们会参与论坛中的大多数讨论。这些成员对讨论的主题参与更多，信息发送更多，与其他成员关系更密切，被认为是论坛中更重要的人。其他人来来去去，不时地表达他们的观点，不时地为讨论作出贡献，但是这个核心团体（我自己将其称为亚团体）不断地为这个大型团体的持续活跃作出贡献。如前文所述，我估计这个核心团体由10到15人组成，在某种程度上，他们造成了小型团体的幻觉。为了让这样一个团体发展起来，网络论坛需要时间来培养足够多的人，让这个核心团体脱颖而出。

下面是来自一个团体心理治疗论坛成员的信息，很好地总结了网上大型团体和小型团体之间的关系。

> 这里有太多让我钦佩、喜欢、爱戴，有时甚至是讨厌的人。我在这里的风格多样。有时我会有所保留，不想占据太多空间。有那么多的主线我想参与进去，但如果我参与了，我的名字每天将出现十几

次。很多时候我处于边缘状态，或者很多时候我离开好几天，没有阅读任何东西，只是在重新连接时自发地回复我感兴趣的第一个帖子。然后我就会紧张，担心自己可能会无意中忽略了谁。我有时担心这可能看起来像是我忽略了其他的帖子，我猜在某种意义上我确实是这样的，因为我不了解他们。其他时候，有些帖子与我无关，所以我没有回复。天哪，我怎么这么神经质！

我认为这是大型团体面临的挑战，我仍然试图通过一次联系几个人来组建一个小型团体，尽管我知道名单上可能有400人。（个人沟通，团体心理治疗论坛，2013年1月12日）

瑞帕、莫斯与席霍克（Rippa，Moss，Chirurg，2011）提出了同样的问题："缺乏视觉和听觉线索的虚拟网络团体，是否可以与面对面的团体相比？在面对面的团体中，身体语言和非语言交流是参与者之间整体交流的一部分。"（pp.440-441）。他们统计了在4个月的时间里，每个成员对团体心理治疗名单的贡献次数。他们发现只有19%的成员积极发帖。他们得出结论："这些网络团体和面对面的团体之间有许多相似之处，尽管前者缺乏视觉和听觉上的提示"（p.441）。因此，论坛在很多方面就像一个大型团体。然而，由于虚拟现实的特殊影响，这个大型团体往往表现得像一个小型团体。这是一个黑暗中的大型团体，伴随着一个小型团体的幻想。

第七章

网络与社会潜意识：
从亲密到网密

更多关于社会潜意识

弗洛伊德将潜意识描述为超越时空的存在。个体潜意识不受时间和空间的现实限制。比昂（Bion，1959）将这一论点扩展到团体潜意识及其基本假设，声称时间和空间在团体潜意识中被忽视。网络空间似乎是为了探索潜意识而产生的，因为它是一个终极的、无限的、永恒的环境，在那里传统现实的规则并不存在。它可以成为一个探索乌托邦可能性的地方，也可以成为传统文化的废墟。知道了互联网是如何被视为一个无边无际的空间，以及在线论坛是如何超越时间限制而存在的，人们自然会想，互联网是否会成为创造一种新的潜意识的沃土：网络潜意识。

但在进入互联网的潜意识领域之前，我们已经知道在不同文化中的边界差异，网上论坛在某些方面类似于大型团体（参见前面章节），也许我们应该探索关于大型团体潜意识有哪些发现，尤其是我们对在社会大群体中的人的潜意识有哪些了解。

社会潜意识（Hopper，2003；Hopper & Weinberg，2011；Weinberg，2007），指的是人们在不同程度上"不知道"的社会、文化和交流安排的存在和约束。它包括共同的焦虑、幻想、防御和客体关系，以及社会文化—经济—政治因素和力量的各个方面，其中许多也是由特定群体的成员潜意识地共同构建的。

许多人理解（社会潜意识）这个概念的时候，会以为它意味着社会有一个潜意识。然而，这种诠释是有问题的，因为社会不是一个有机体，社会没有大脑，如果我们把一些潜意识的属性归为社会系统，它便无从落脚。因此，有两种并行不悖的方法来理解这个概念。一种诠释是把社会潜意识看作个体潜意识的一部分。从这个角度出发，我们观察和分析上述社会安排对个人的潜意识的影响，从而注意到了特定社会中的人们被社会安排以相似的、潜意识的方式影响着。社会潜意识可以被理解为我们没有意识到的社会事实、规范和文化方面的内化，包括社会力量和权力关系在我们的心理的表征（Dalal，2001）。事实上，当我们以这种方式看待社会潜意识时，我们并不确定是否应该将社会潜意识与个体潜意识分离。事实上，克瑙斯（Knauss，2006，p.163）声称，"不存在'团体潜意识'、'社会潜意识或集体、文化潜意识'这样的东西"。相反，每个人的潜意识都是团体性的。从这个角度来看，我们强调的是，社会潜意识是如何嵌入并成为个体潜意识不可分割的一部分的。

另一种理解社会潜意识的方法是通过关系/主体间的视角（Mitchell，1993）。"关系理论的基础是，要从研究患者的心智的经典理念（此处心智被认为是独立和自主的，在个体的边界之内）中切换出来，转到关系概念里，在关系概念里心智的本质是二元的、社会的、交互性的和人际间的。"（Aron，1996）关系/主体间性概念化提出了一种不同的对潜意识的解读，以及我们理解潜意识的方式，这与常规的弗洛伊德的理解方式不同。我们并不是在讨论先验存在于某一特定区域的特定内容，我们并不是通过在治疗中阐明这些（先验存在的）内容来帮助治疗。我们谈论的是创造出潜意识，并在他人的帮助下通过对话获得有关潜意识的"知识"。这种共同创造的潜意识是一个无限的、对话的、开放的系统（Mitchell，1993），或者如图伯特 - 奥克兰德（Tubert-Oklander，2006）所称的，"自由浮动的对话"。这一观点涉及了主体间领域，而社会潜意识似乎就存在于其中，这也与同一社会中人们的共同创造有关。在这里，我们强调社会潜意识是一种超越个人的现象，是特定文化的基础矩阵（Foulkes，1990）的一部分。它让我们想起了关系潜意识（参见 Altman，2010；Gerson，2004；Safran，2006），最近在主体间精神分析文献中关系潜意识被讨论得越来越多（关于这两个方面的更详细的讨论参见霍珀与温伯格 2011 年出版的著作的前言部分）。

从这个参照框架来看社会潜意识，我们可以说它存在于人与人之间的潜在空间中。主体间领域是由参与互动的人们的心理共同创造的，这意味着它不是人们潜意识的简单结果，而是一种新的共同潜意识（Moreno，1934/1978），它不属于任何一个参与者。从两个人推及一个团体甚至社会，这都是社会潜意识的空间。

因此，我们可以沿着两个正交轴来看待社会潜意识：纵轴，包括一个社会团体的历史对该团体的人的日常行为的影响，特别是其创伤性的未详细阐述的历史事件的影响。另一个轴是横轴，它是关于上面提到的主体间的、超个人的方面。它和同一社会中的人们之间发生的事情有关，它和人们如何通过日常互动共同创造和维持社会潜意识有关。

互联（网）关系

有不止一种方法来理解社会潜意识和互联网之间的联系，因为它们是相互关联的。其中一种可能性是探究社会潜意识在互联网上的反映方式。此外，我们可以着眼于"网络潜意识"（参见 Weinberg，2003b），并描述构成这一跨文化的、国际的关系网络的独特元素。另一种连接互联网和社会潜意识的方式是探索万维网的存在，以及它从一开始就普遍和无处不在的应用是如何有意识地和潜意识地影响我们的社会的。

互联网如何影响社会潜意识

作为后一种可能性的例子，让我们来探讨一下互联网对我们共情能力的影响，此处特指共情那些来自我们不熟悉的文化的人，以及那些通常被视为陌生人和"他人"的人。杰里米·里夫金在他的畅销书《同理心文明》（2009）中将共情的发展与工业和信息革命联系起来。他把印刷术的革新和人类意识的变化联系起来，印刷术的革新导致了书籍在全世界的传播。他相信，这些文学叙事让我们更有同理心，因为浪漫主义文学提高了人类对情感感受的觉察，反过来又影响了政治和社会变革，比如法国革命和美国革命。如果里夫金是对的，可能改变本身是无意和潜意识的，那么就产生了这样一种情况：技术变革导致了我们与他人联系方式的潜意识改变，从而影响了社会潜意识。

里夫金描述了一种扩展的能力，当我们的沟通方式发展得越多，我们就会对越来越疏远的"他人"产生共情；从古代世界中基于血缘关系的有限共情，再到19世纪工业革命中基于克服时间和空间限制的复杂通信革命的身份认同和忠诚。如果书籍的传播以及阅读关于人类情感和经历的故事，扩展了我们共情他人的能力，那么通过互联网与许多不同的人、文化和社会交流，可能也会增强这种能力。参与网络论坛可以成为增强同理心的一种方式。与来自其他国家和其他文化的人交流是打破刻板印象、克服我们对他人不加检验的假设的最好方式。

布朗（Brown，2001）认为，社会潜意识的一种表现形式是那些会潜意识地引导着人们行为的假设。关于人性的假设在不同的时代会发生变化：中世纪基督徒的世界观认为人性是堕落的，期望通过上帝的恩典得到救赎。启蒙思想家强调人的本质是理性的、独立的和自主的。他们认为，个人的救赎有赖于地球上无限的物质文明的进步。这些默认的假设是当时社会潜意识的一部分。

当代对人类的看法是自恋和冷漠的吗？对于我们这个自恋的社会，有相反的观点。特文格和坎贝尔（Twenge，Campbell，2009）在他们的书《自恋时代：现代人，你为何这么爱自己？》中，区分了自尊和自恋，并关注深入到社会价值观的文化自恋。作者认为，自恋这种流行病正在西方世界蔓延，我们需要认识到它及其负面后果，并采取纠正措施。

其他作家则认为，年轻一代更关心地球环境和气候变化，更有可能支持可持续的经济增长。如今，新兴的成年人将自己视为国际公民，这在过去是罕见的。他们也可以被称为"共情一代"。他们的国际经历和教育使他们比以往任何一代人都更清楚世界是如何相互联系的。他们比老一辈人更支持全球化和移民。

在支持性别平等以及为残疾人、同性恋者、性少数群体和其他少数群体争取权利等诸多方面，年轻一代也比历史上任何一代都更宽容。根据芝加哥大学每年进行的综合社会调查，学生们几乎一致认为女性应该享有与男性平等的机会。简而言之，他们更喜欢一个包容的世界，而不是排他性的世界。这种包容性可能源于互联网对社会潜意识的影响：如今的年轻人认为人性是有同理心的、正念的、参与的，并由生命的相互联系所驱动。智人正被"共情人"所取代。

我没有忽视一个事实，当一个人在任何互联网文章（"对讲系统"）上阅读人们的评论时，它往往充满了对他人的仇恨，刻板印象，没有同理心或客观判断能力。也许人们变得更有同理心的证据来自精英（学生）。我们还需要记住互联网的弱点（白人至上组织、恐怖主义网络、儿童色情等等）。

那么什么是网络潜意识呢？

从另一个角度看，我们可以描述"网络潜意识"，分析其独有的特征。然而，如果社会潜意识的概念容易产生误解，就像我们在本章开始看到的那样，那么网络潜意识的概念就会更加令人困惑，产生误解和阻抗。一些反对使用"社会潜意识"一词的论点来自这样一个事实，即社会不是一个活的有机体，因此也没有大脑，将潜意识与无身体特征的互联网联系起来，乍一看似乎更加令人费解。更重要的是，互联网不是一个（地理意义上的）国家，既不是一个（政治意义上的）国家，也不是一个民族，我们能否把它作为一个社会来对待是值得怀疑的。

与网络潜意识相联系并不意味着互联网本身是一个有无意识的实体，只是因为使用它的人，思考它，并且想象它是什么样子，有关于它的共同思想和幻想，但他们对此浑然不觉。

第二种论点认为，互联网既不是一个国家，也不是一个社会，这种观点忽视了互联网确实发展了自己的文化这一事实。如果一种文化是以它的语言为其代表的话，那么互联网文化为口语带来了许多新词：恶作剧程序、连环信、网络论战、垃圾邮件、谷歌、黑客、网络礼仪、潜水员等都是在新兴的网络民俗中出现的新词或有特定含义的术语。在《网络文化》中，希尔德斯（Shields，1996）描述了这种文化的主要特征：网络被认为应该是终极民主、平等、言论自由的文化。没有人控制它，它的结构也不是基于阶级的。这是人们对网络共有的一个幻想，因此它是网络潜意识的一部分。

如果我们寻找"网络潜意识"，一种可能性是，网络上的社会潜意识反映了具有共同兴趣领域的特定论坛的人们的潜意识。但这个定义将我们的讨论限制在一个特定的论坛和有限的人数上，而我们正在寻找一种反映基础矩阵的现象——将人们联系在一起的深层隐藏的纽带和假设。如果我们在本章的开头详细阐述社会潜意识的定义，我们可以说网络潜意识是网络社区和网络文化成员共同构建的共享潜意识。它包括共享的焦虑、幻想、防御、神话和关于互联网的记忆。布朗（Brown，2001）提出了一种分析特定社会的社会潜意识的系统方法。为了分析网络潜意识，并描述网络潜意识表达它自己的方式，我们将使用布朗的社会潜意识表现的四种方式。

假设

a. 网络是一个自由民主的社会——希尔德斯（Shields，1996）上述对网络文化的描述实际上是一套关于网络的假设。这些假设被认为是理所当然的，并且被大多数自认为了解这种媒体的人所分享。对于许多人来说，网络提供了实现更加民主的社会的希望。据说，通过促进一种去中心化的社会运动形式，网络可以帮助我们更新我们的制度，将我们自己从独裁专制的遗毒中解放出来。网络确实持有这些可能性：快速扩大世界各地的示威活动。在2011年—2013年，在一些国家，通过社交网络获得了大量的支持，将成千上万的年轻人聚集起来进行了总体上是和平的示威活动，有时候改变了政权，这就是这种可能性的有力证明。权威型社会将试图压制网络文化的实践，而民主社会将促进它们。网络可以成为社会进步的工具，但它也可以成为压迫的工具或另一种中心化广播媒体。网络潜意识中包含着一种虚幻的信念，即网络空间实现了终极的言论自由，论坛成员总是对不同的观点表现出尊重和容忍。

b. 网络论坛类似于面对面的小型团体——在网络讨论组／群和论坛的虚拟环境中，交流可能看起来像我们在小型团体中习惯的那种互动，但参与者的幻想创造了一种内在的心理过程。正如我们前面所讨论的，网络空间上的虚拟团体是大型团体，但却有小型团体的错觉。

c. 人和机器本质上是不同的——特克（Turkle，1995）声称，随着人类与技术相互联系，人与人相互之间的联系越来越紧密，关于什么是人，什么是技术的旧式区别将变得更加复杂。我们可能会问，人们在网络空间花费的时间越长，创造的人际关系越多，他们在多大程度上已经变成了赛博人——生物和科技的混合体。哈拉维（Haraway，1985）探讨了人／机器／动物／信息之间的联系，并由此推断出他者的政治——无论他者是根据种族、性别、物种还是技术来定义的。他专注于科学使用的隐喻，以及这些隐喻如何巧妙地决定了控制着我们世界的权力网络。人与机器之间传统的距离已经变得越来越难以维持，我们关于人与机器之间明确区别的假设也已经崩溃。无具身的关系可以像面对面的具身关系一样让人感觉深刻和亲密，这一事实令人震惊，它破坏了我们的共同信念，即只有我们能触摸、闻到和品尝到的东西才是真实的。我们在本书第四章详细地讨论过这个问题。

d. 多重自我——我们通常认为自己被自己的边界、身份、身体特征、性别等所束缚。我们个人的、职业的、宗教的和种族的身份似乎是固定的、不变的和毋庸置疑的。网络告诉我们，我们的自我定义是一个自我决定和人际认同的问题。事实上，我可以在生理上是女性的情况下以男性的身份介绍自己，或者在网络之外是青少年的情况下在网络上却以成年人的身份写作，或者在持有无神论信仰的情况下假装是一个虔诚的犹太人，这远远不止是欺骗那么简单。网络上的关系是潜在的身份转换人际关系。我们发现，在构建自己的身份时，我们拥有比想象中更多的控制力。这些在网络上的经历只能被理解为更大的文化语境的一部分。它是后现代主义时代的语境，它侵蚀着真实与虚拟、有生命与无生命、单一自我与多重自我之间的边界（Haraway，1985；Turkle，1995）。

e. 网络是"免费的"——从一开始，网络空间就成为一个慷慨大方的环境。免费软件和共享软件（只需支付少量注册费用即可使用的软件）变得普遍起来。人们可以在网络上免费找到最先进的文字处理程序和电子表格程序。人们似乎喜欢与从未见过的人分享自己的创意产品，而且大多数人与他们没有任何其他联系。这种奇怪的慷慨，在大多数西方工业社会并不常见，在网络论坛上却得到了体现。来自论坛成员的信息或援助请求通常会得到迅速和善意的回应。完全陌生的人会花费若干小时的时间互相发送研究数据。在我的专业领域——团体心理治疗论坛，我会花时间寻找参考文献，以回应那些我从未听说过的人的请求。在这个假设的背后有一个问题：虚拟环境会是一个资本主义社会还是一个乌托邦社会主义社会？

f. 网络连接/断连人们：对于这两个假设，我们都能找到证据。的确，花在网上的时间不可避免的是我们在物理环境中与他人相处的时间。我们也可以说，与遥远的他人的联系本身就是一种超然（特克2011年的一本书叫《群体性孤独》）。另一方面，我们不能忽视一个事实，即网络连接了来自不同文化、国家和民族的人。所以结论是两者都是正确的：虽然网络将我们联系在一起，但它也让我们分开。问题是我们如何使用它。事实上，这就是这本书的主题。

否定：亲密还是网密？

在第六章中，我们看到网络论坛实际上是一个大型团体。大型团体中的参与者通常会寻找他们在小型团体中已经习惯的亲密关系，结果会感到失望。大型团体无法创造出在小型团体中很容易建立起来的温暖包容的氛围。相反，大型团体的特点通常是缺乏面对面和镜映互动。有时，无论是在大型团体中还是在网上，我们都在寻找亲密关系，希望得到同情，但得到的却常常是陌生人的残忍。正如我在与人合编的关于大型团体的书（Weinberg & Schneider，2003）的序言中所写的那样，这实际上是对大型团体的动力理解进行了分类：人数太多不允许亲密，反而会产生差异和疏离感。人群不是与人建立亲密关系的地方。一位大型团体心理学家写的一段话，暗示了寻求亲密的行为：

> 有人在犹豫是否要和大家分享她想说的内容，当她被其他成员"怂恿"时，她建议大家聊聊爱情。她提出这个建议后，马上遭到了大家口头上的嘲笑。

民间智慧将亲密关系描述为"走进—我—你—看"。如果我们在大型团体中寻找这种亲密关系，我们肯定会感到沮丧和失望。但也许另一种亲密是可能的：一种基于归属、汇合和感化的亲密关系？当然，这不是"让我们谈谈吧"的西方文化规范和好莱坞电影所推崇的那种亲密。这也不是布伯里安的"我—汝"关系所唤起的亲密接触的深刻感觉。它更多的是一种团结的感觉，成为一个团体的一部分。特克（Turkle，2011）指出，传统上，亲密关系的发展需要隐私。显然，隐私在网络空间中是不可获得的，因此我们应该以新的方式重新思考亲密："没有隐私的亲密重新定义了亲密的意义"（p.171）。

在网络上的大型团体（论坛）中，亲密通常是建立在核心团体的创建和发展之上，核心团体传承包容开放的团体规范，形成一种有凝聚力、"我们感"、有归属感的氛围。核心团体的成员更多参与信息交换，发帖更频繁，并且他们在这个虚拟的大型团体中变得更加突出和重要。有时这种团结感会导致同一性，即第四种基本假设的极端表现（Turquet，1974），个体与人群融合，失去了他的身份（霍珀的假设中的大众化的极点），受到非语言模仿的吞噬镜映的威胁（参见 Weinberg&Toder，2004）。当这种团结氛围盛行时，大型团体就会变得大众化，而且会出现对差异的否认并制造出一致性的幻觉（Kernberg，1989）。

这正是网络空间所发生的事情。在这个虚拟环境中，"我们都是一样的"的幻想非常强烈。网络上的匿名性增强了这种幻想，因为人们似乎不会根据肤色、年龄甚至性别来推测作者。甚至在基于专业兴趣的论坛上（例如我的团体心理治疗论坛，见第六章），乍一看，初级、年轻和缺乏经验的人的声音与资深专家的声音具有同样的分量。网络似乎复制了适用于后现代全球组织的理想扁平化等级制度。网络上的现实是不同的，这暗示了一种对差异的普遍否认和否定。虽然年轻人和老年人、有经验的人和资历浅的人似乎都享有平等的空间和机会，但很快，旧的区分（有时是歧视）就开始占据上风。扮演"自我"是一种很好的游戏，但随着游戏的持续，随着人们把他们的自我形象和身份地位带入网络交流，老的身份出现了。

如上所述，不属于网络论坛和社区的局外人对网络的主要批评之一是关于亲密关系。他的论断是："网络上的关系不可能是真正亲密的关系。"然而，网络匿名可能会产生去个性化和疏离的负面影响，但也可能有积极的影响。麦肯纳和格林（McKenna & Green，2002）提到，在网络上匿名可以帮助成员表达他们的真实感受和想法，并鼓励健康的团体规范的出现。

我们还可以说，对网络空间亲密关系的追求否认了另一种亲密关系在互联网上发展的事实，为此我创造了网密（E-ntimacy）这个术语。这种网密是基于幻想和理想化的。它是两个（或多个）非实体之间的一种深层关系。然而，弗洛伊德和古典精神分析学派认为幻想是与现实对立并遮蔽现实的，而后弗洛伊德精神分析学派的作者（特别是主体间性和关系性的作者；参见 Aron，1996；Mitchell，2002）则认为幻想会丰富和增强现实。虽然理想化被认为是一种危险的错觉，不利于稳定的长期关系，但它也可以被视为一个过程，使隐藏和掩饰在日常互动中的对方的特征生动起来（Mitchell，2002）。在每个时代，特定的联系方式会让人渐渐觉得自然。在我们这个时代，不断保持联系、总是连接到网络空间的需求，其本身似乎并不成问题或病态。同样地，在互联网上，一个人把扮演着多重自我（Turkle，1995）——拥有着探索深层的自我的可能性，超越现实检验的限制——很好地与其他人的幻想相吻合，只要两个成员在这种关系中记住网络规则不同于面对面交流的规则。当人们忘记了网络空间不是一个日常生活的空间，并试图将网络规则强加于外部现实，混淆了亲密和网密的时候，那麻烦就开始了。

社会防御

投射是网络上最明显的防御机制。它被大量使用，可能是因为我们只有文本数据，没有其他线索。缺乏面部表情、语调或任何其他肢体表情，会给读者留下许多他/她想方设法去填补的信息空白。网络上的投射会导致许多误解和冲突。人们根据自己的幻想和自己对世界的感知来诠释书面文本，而不是根据作者的。的确，这种情况在网络空间之外也会发生，但当我们知道讲话者意图的其他线索时，比如她的语气或他的微笑，误解就会最小化，或者更容易消除。在面对面的互动中，人们依靠文本、视觉、听觉甚至嗅觉的线索来诠释说话人的句子的意思。这是非常普遍的现象，以至于人们没有注意到这些方面中的每一个对于（他们认为的）准确理解说话者是多么重要。网络留下了文字作为诠释的唯一根据，这导致了许多误解。苏勒尔（Suler，1996）写道："因为对他人的体验通常受限于文本，用户倾向于将各种愿望、幻想和恐惧投射到网络空间另一端的模糊人物身上。"

通常情况下，投射会导致对作者意图的负面诠释，并可能引发文字大战（"网络论战"），例如当一个幽默的评论被读者认为是侮辱时，但投射也可能导致理想化。在其他时候，读者将善意的意图投射到作者身上，并发展出理想化的幻想。这可能因为这些写作内容与读者当前的需求相关以及满足了读者当前的需求。网络上的理想化现象很严重，一方面会导致迷恋和虚拟恋情，另一方面也会导致对带领者的理想化。

消极投射和理想化之间的转变会造成分裂，这时候一些客体被认为是"完全好的"，而另一些则被认为是"完全坏的"。当网络论坛上出现冲突时，这些极端就很明显，导致成员分裂成两党，引发"网络论战"和粗暴的攻击行为。这是大型团体可能存在的危险动力之一，虚拟大型团体也不例外（Weinberg，2003b）。

结构性压迫

乍一看，网络似乎提供了一个机会平等的环境，不存在肤色、性别或种族的歧视，欢迎每个人写下他或她的想法。它是最平等的社会，因为不涉及社会地位，黑人和白人、犹太人和穆斯林、男人和女人、富人和穷人、年轻人和老年人、专家和新手都有相同的空间。网络空间似乎消除了差异和不平等。

如果我们按性别来考察网络用户的分布情况，我们会发现现代国家与传统国家在这个问题上仍然存在差异：2009年，美国的男性和女性网络用户几乎是平均分布的。然而，在摩洛哥，75%的男性使用网络，而只有50%的女性使用网络。在较不发达国家，在采用现代信息和通信技术方面仍然存在着偏向男性的显著性别差异。

世界各地的网络使用都存在着同样的错觉。理论上讲，它是整个世界的万维网，但实际上在贫穷国家，许多人无法接入网络，要么是因为电脑和互联网连接的成本对他们的收入来说太高，要么是因为没有服务供应商。刚果民主共和国是非洲的一个贫穷国家，拥有6 800万人口，但只有29万网络用户（0.45%），而在2008年，北美有约2.3亿网络用户。用网络来谈论全球化和"地球村"，忽略了一个事实，即网络的发展是不均衡的，网络的爆炸式发展几乎没有触及世界的大部分地区。技术发展的障碍与任何经济发展的障碍完全一样：市场限制、相关法规的缺失、国家控制、关税、官僚主义、腐败等。在这些障碍仍然存在的情况下，将资源转向信息和通信技术只是另一种分散人们注意力的做法，忽视了其他现实结构差异。

一个稳定的社会是这样发展的：它的成员之间有一些假定的普遍共识或者一套确定的价值观，这些价值观界定了社会秩序和个人对该社会内的社会团体的贡献的界限。大多数传统的领土社会在被统治者和政府之间表现出等级结构，权力在一定的限制条件下行使，这些限制通常是政府强加的，与它的意识形态有关。在网络空间，隐藏在网络潜意识中的结构性等级制度取代了既有国家的政府意识形态。这种结构性压迫及其不平等（例如与性别和财政资源的分配有关）很好地掩盖在"我们都是一样的"的普遍网络错觉之下。

如前所述，"同一性"（Turquet，1974）的基本假设在网络空间无处不在，这是造成这种平等和公平的错觉的原因。有趣的是，与此同时，在其他网络社区，相反的假设"自我感"（Lawrence，Bain &

Gould，1996）也同样起作用；人们忘记或选择性忽略了在屏幕的另一边的也是人类，这导致人们沉溺于破坏性行为，发送病毒乃至出言不逊。

集体记忆

属于特定社会的人的社会潜意识可以通过集体记忆共同构建。事实上，这些集体记忆从一代传到另一代，通过公共话语或书面和电子媒体不断重复，被领导人和公民反复迭代，形成了社会潜意识背后的基础矩阵的传播网络。集体记忆可以被认为是社会潜意识的内容。那么什么是集体记忆？它存在于哪里？

"集体记忆"一词是哈布瓦赫（Halbwachs，1980）首创的。它指的是一个团体中两个或两个以上成员存储在记忆中的共享信息池。集体记忆可以由大、小的团体共享、传承和建构。"一个'集体记忆'，作为一组关于过去的想法、图像、感受的集合，最好的定位并不在个人的头脑中，而在他们共享的资源中。没有理由把一种资源凌驾于另一种资源之上——例如，认为历史书很重要，但认为流行电影不重要。"（Irwin-Zarecka，1994）。

请注意，尽管我们谈论的是记忆，我们通常认为记忆存在于大脑中，甚至存在于人的大脑中，但它实际上储存在人们共享的空间中，这和社会潜意识的情况是一样的。它显然不是一个人或一种思想的产物，而是人们思想相互作用的结果。"然而，集体记忆不仅仅是个体的私人记忆的集合，这种凸显在外的私人记忆既是不可避免的，但同时也不可能捕捉到整个国家集体认为的历史性重要事件或平凡事件"（Zerubavel，2003，p.28）。

集体记忆可以解释社会潜意识的垂直轴。事实上，正如社会潜意识是人类互动和关系的结果，却影响着特定社会中个体的行为一样，集体记忆也表现出类似的令人困惑的特征，它是由许多人共同构建的，却表现在一个人的记忆中："虽然集体记忆是在一个凝聚的人群中持续存在并汲取力量的，但记住它的却是作为团体成员的个体。"（Halbwachs，1980，p.48）。

然而，现在人们共享的集体记忆是什么还不清楚。不久前，人们收听同一个广播电台或收看同一个电视节目，从而创造了共同的基础、共同的价值观和共同的记忆。在今天这个多元化的社会中，有许多可用的信息来源，集体记忆已经消失了（唯一的例外是社会范围内的社会创伤的记忆：正如前面所说的，社会创伤在社会潜意识的构建中非常重要）。正如本书所展示的那样，网络让事情变得更加令人困惑和充满悖论：一方面，人们从如此多的网站和资源中获得信息，很难找到共同点。另一方面，社交网络的存在，以及通过病毒式传播扩散信息的能力，确实保证了人们的思想受到相同的资源的影响，他们可能有相似的记忆，创造了网络潜意识的矩阵。这种潜意识似乎超越了特定的地理边界。

网络和多元文化主义

要了解我们自己的文化假设，没有比互联网更好的地方了。不需要离开椅子，人们就可以与来自世界各地的人见面，交换想法，卷入冲突，与他们产生网密。从文化意识的角度来看，网络既是一种优势，也是一种劣势。对于那些对其他文化感兴趣的人来说，它提供了大量的信息和互动性，这在其他地方是无法获得的。然而，对于那些对其他文化不感兴趣的人来说，有一些证据表明，网络使他们比以往任何时候都更能避免接触他们不想接触的东西（另一个网络悖论），因为用户可以在很大程度上选择与自己相似的人进行互动。网络空间为我们提供了一个机会，让我们可以抓住那些未经思考的、被认为是普遍存在的经验的社会建构，并通过它构建一条通往自己的社会潜意识的道路。这一遭遇引发了我们的预设与其他文化的预设之间令人惊讶的冲突。我们可以说，网络是终极的多元文化。

多元文化是目前流行的一个术语。多元文化主义被定义为不同文化同时存在的一种情况（Leonetti，1992）。社会和种族之间的差异是非常具体和深刻的。"我们和他们"（Berman，Berger，& Gutmann，2000）是非常基础的区分，并且是多年来逐步建立的，被教育和社会压力所加强。欧登奎斯特（Oldenquist，1988）认为人类的存在需要社会身份，否则他们会感到孤立、疏离和无意义。从欧洲到美国，多元文化社会是当今社会的常态。这些社会不断面临着不宽容、难以接受"他者"和少数族裔暴力等问题。一个健康的社会可以涵容人们和社会群体之间的许多差异和多样性。在这样一个社会里，不同的态度、意见、规范和行为都是有一席之地的，只要它们不把自己强加给别人。出于这个原因，互联网似乎是一个理想的社会。网络空间对每个人都是开放的，人们可以自由地表达任何想法而不受审查。由于对话中没有实体，因此不存在使用武力威胁阻止人们表达意见的危险。但网络空间可能是一个危险的心理空间。在这个地方，冲动可能占上风，攻击性可能占上风，网络论战可能爆发，退行会接管一切。由于亲密的幻觉以及一个人的声音可能会消失在虚空中，因此在网络空间中的心理脆弱性会提高。

由于在网络上可能存在两个矛盾的特性，它可以成为一个实验室，用来探索真实对话发展的条件，以及社会亚团体之间产生破坏性冲突的条件。什么时候在网络空间表达任何东西的自由变成了释放攻击性和冲动的自由？我们如何避免在网络上发展徒劳的种族冲突和跨文化张力？如前所述，霍兰德（Holland，1996）将网络交流中表现出来的不受控制的攻击性视为网络退行的一个标志，并将其追溯到人们对电脑本身的潜意识幻想。网络用户往往会混淆人类和机器。他们随时准备伤害讨论中的其他参与者，因为其他人都是匿名的。因此，当他们口头辱骂对话伙伴时，他们看起来并不像是在伤害另一个人，而更像是在玩机器或电子游戏。这意味着，其中一种条件（无论是在互联网上，面对面的互动，还是在社交中）是让对方"人性化"。这可以通过多种方式实现：从增加个人好友到添加个人特征以减少他人的匿名性。我们可以看到匿名性在大型团体中的影响，它导致异化和大众化/聚集体。

另一个影响网络论坛氛围的主要因素是领导者的态度和存在感。一个支持宽容、接纳和多元主义的领导者会鼓励一种多元文化主义的氛围。第五章主要讨论领导者的一些功能及其对社会领导者的启示。涵容和保护的职能对于加强多元文化至关重要。这些职能在冲突、危机和分裂时期尤为重要。当霍珀（1997）的第四个基本假设在团体中很明显时，领导者应该能够将聚集体的结果碎片统一起来，或者在遇到大众化时为多样性留出空间。网络和多元文化主义的问题可能是对不同领导风格进行定量研究的一个很好的领域。

结论和启示

先介绍了团体分析的参考框架（第二章），发现团体分析可以用来探索和理解更大的团体和社会历程，团体分析亦是分析潜意识过程并且了解文化和社区包括互联网文化的工具。有网络文化吗？有比共同掌握电子邮件或聊天室"微笑"表情更有实质意义的东西，又或者所谓的网络文化只是一种自相矛盾的说法？

通过潜意识元素了解社会和网络为科学探索增加了新的维度。当使用团体分析的参考框架来研究一个特定的社会潜意识时，超越了可见的元素，发现未知的强大的话语存在于被审视的文化之中。这对于领导力、多元文化社会和大型团体历程的探索有更多的实际意义。

网络空间成为社会体验的舞台，不由自主地揭示了身份的关键之处，如性别、年龄和种族。在通常情况下，这些身份信息被以计算机为媒介的通信系统完全掩盖了。对网络潜意识的研究揭示了那些最初看起来像是二元的关系（人 / 机器，幻想 / 现实，物理 / 以太状态），包括二元之间的空间。因此，在网络上考察团体和关系会对日常生活有很多启示。

网络空间是一个探索乌托邦可能性的地方，也是一个传统文化的废品场。当被网络的乌托邦观点所影响时，我被这个新的后现代主义游乐场和通过团体分析探索我们文化潜意识特征的可能性所吸引。当换到反乌托邦观点的这一极端时，我失望地发现，当移民到网络空间时，人们依旧摆脱不了他们的驱力、需求和对他者的感知。同样地，社会建构的现实也存在于这个非具身的环境中。这两个极端可能同样正确。

特克（1995，p.139）指出，精神分析学的历史发展与人工智能的历史发展之间存在着一种平行关系：

> 在这两个领域中都出现了一种趋势，即偏离了那种少数结构作用于更加被动的物质的模式。精神分析始于驱力，人工智能始于逻辑。两者都从一种中心化的思维模式转向了一种去中心化的思维模式。两者都转向了基于客体和现象的元理论。

如果我们不抵制精神分析与人工智能、人类与机器、面对面与虚拟互动之间的并行关系，而是探索这些并从中学习，我们将受益匪浅。

　　"精神分析是关于如果他们两人同意不做爱，可以对对方说些什么。"（Bersani & Phillips，2008，p.1）精神分析／心理治疗设置所允许的亲密，不完全等同于两个人不受治疗规则限制时的亲密。网密则是，如果人们同意不具身，他们可以对对方说些什么。这不是一种非私人化的亲密：这是一种不同的亲密。事实上，网密挑战了强调独立的西方文化规范，因为总是在线的连接会被感知为是一种更协作型的自我（而不是独立的自我）。正如特克（2011）所言，"即使我们独处，我们也会在一起"（p.169）。

第八章

在虚拟空间检测亚隆的
疗效因子[1]

亚隆的疗效因子

自从欧文·亚隆（1970）描述了疗效因子在每个心理治疗团体的作用，这些因素出现在所有关于团体心理治疗的教科书中。在讨论团体治疗或一般的团体时，不考虑它们，不检测它们在特定团体中的出现和作用是不可能的。亚隆与莱斯茨（Yalom & Leszcz，2005）在他们最新版著作中，讨论了成功的团体治疗的本质，并提出了促使治疗改变的11个疗效因子的列表。表1描述了美国团体心理治疗协会（AGPA）提出的13个疗效因子。正如亚隆所指出的，并不是所有的因子在每个团体中都存在或同等重要。对于不同的团体带领者而言，他们对这些因子的强调有很大的差异。因此，在一些团体中（例如，亚隆类型的团体）更强调人际学习，而其他团体则强调信息传递（例如，心理教育团体）。此外，不同的团体参与者可能从每个因子中有不同程度的获益。例如，一个参与者可能认为行为模仿是最重要的，而对另一个人来说，最强大的疗效因子可能是希望重塑。这些因子之间的区分是人为的，这些因子是相互依存的，不能单独处理。

表1 疗效因子（Yalom & Leszcz，2005）

疗效因子	定义
普遍性	成员们认识到其他成员有相似的感受、想法和问题
利他主义	成员通过向其他成员提供帮助来提升自我概念
希望重塑	成员认识到其他成员的成功，有助于自己的改善，产生乐观情绪
传递信息	由治疗师或团体成员提供的教育或建议
原生家庭的矫正性重现	有机会与团体成员以矫正性的方式重演关键的家庭动力
提高社交技巧	团体为成员提供了一个促进适应和有效沟通的环境
行为模仿	成员通过观察团体成员的自我探索、修通和个人发展来扩展他们的个人知识和技能
凝聚力	团队成员所感受到的信任、归属感和整体性
存在意识因子	成员接纳对生活作决定的责任
宣泄	成员释放对过去或现在经历的强烈感受
人际学习—输入	通过其他成员提供的反馈，成员们对他们的人际影响有了自己的见解
人际学习—输出	成员提供了一个环境，允许成员以更适应的方式互动
自我认识	成员可以深入了解潜藏在行为和情绪反应背后的心理动机

对于这些因子与存在于网络空间的团体有何关系，我们知道些什么呢？我们能从面对面团体的效能中推断出多少，并将其应用到"虚拟"团体中？作为重新命名和重新检测许多与网络团体相关的其他现象的一部分，在多大程度上，网络空间的独特性需要重新建构或重新评估这些因子？

为了让我们的探讨具有生动的隐喻，让我们回顾一个著名的寓言："盲人摸象"。6名盲人被要求通过摸大象身体的不同部位来判断大象的样子。摸过大象尾巴的盲人说，大象就像一根绳子；摸到那条腿的人说，大象就像一根柱子；摸到肚子的人说，大象就像一堵墙；摸到象鼻子的人说，大象就像一根树枝；摸到耳朵的人说，大象就像一把手扇；感觉到象牙的人说大象就像一根坚固的烟斗。他们继续激烈地争论，试图说服对方，最终无法确定大象的形状。然而，即使他们的失明不能让他们得出最终的结论，这也激起了他们激烈的争论，并使盲人结成了一个团体。这个故事的寓意在于质疑：是否只有一种正确的方法去判断大象（或世界）的样子，以及拥有不同信仰体系的人们能否建立一个团体论述来达到和谐。显然，在网上讨论团体时，盲目性的问题会更加重要。

网络中疗效因子的研究

事实上，关于亚隆的疗效因子在网络中的作用的研究很少。温伯格、乌肯、施马勒和阿达梅克（Weinberg，Uken，Schmale，Adamek，1995）在一项针对6名乳腺癌女性的计算机支持性团体的初步研究中，研究了希望重塑、普遍性、凝聚力、宣泄和利他主义这些疗效因子。结果表明，团体参与者认为这些因子是存在的，其中希望重塑、凝聚力和普遍性的因子被认为是最普遍的。塞勒姆、博加特和瑞德（Salem，Bogat，Reid，1997）确定了网络团体中的两种帮助过程：帮助他人（即利他主义）和建议或信息交换（即传递信息）。在另一项关于对身患残疾的在线用户的研究中，芬（Finn，1999）用内容分析评估了数据，发现亚隆的11个疗效因子中的5个在在线支持团体中起作用：宣泄、普遍性、凝聚力、信息的提供（即传递信息），以及扮演"助人者角色"（即利他主义）。

利博特、史密斯-阿德科克和芒森（Liebert，Smith-Adcock，Munson，

2008）发现普遍性、宣泄、希望重塑、传递信息和利他主义等因子有助于网络支持团体。这5个因子中的4个，普遍性（Finn，1999），宣泄（Perron，2002），以及在不同的术语体系下的传递信息和利他主义（Salem，Bogat & Reid，1997）已经在之前的研究中报道过，这为他们的研究结果提供了可信度。普遍性是这5个因子中报道最多的一个。在他们的调查中发现了第6种疗效过程——凝聚力的部分证据。巴拉克（Barak，2007）进行了一项研究，他写了几篇关于网络自助团体的论文，发现诸如凝聚力、宣泄、领导力、袒露和建议等疗效因子明显地出现在网络团体的活动中。

在网上可以找到亚隆的疗效因子

让我们从希望这个因子开始。很多时候，希望始于明确团体成员的期望。与存在于共同物理空间中的团体不同，在这些空间中，团体成员可以预先筛选，甚至在团体开始之前就开始慢慢灌输希望，而这在网络团体中是不可能的。正如第六章提到的，网络论坛中的协议是非常松散的。然而，在网络空间中存在着一种强大的潜力，它与希望的概念密切相关。超越时间和空间的限制，超越物理存在的限制，创造一种脱离实体的互动，并允许一种跨越边界的体验，这种体验本身就是非常有希望的体验。以下是作者（劳夫曼）个人经历的一个例子：

> 作为一个年幼孩子的母亲，我每天必须面对的主要困境之一是希望在职业上有所发展与抚养孩子和照顾家庭之间的分歧，两者都需要有亲身投入的在场。也许大多数养育孩子的母亲都知道这种经历，这个过程给人永远没有尽头的感觉，没有足够的时间，离开家意味着要付出昂贵的代价。对我而言，在国内和世界其他各地，参

加会议和专业会谈仍然是一厢情愿的想法，是日历上一个未实现的提醒。互联网的出现给我的日常生活带来了一场革命，对我和其他母亲来说都意义重大，让我可以不出家门就能与整个世界交流。有一天，我发现了一个专门为临床心理学家和其他心理治疗师设立的网站，上面有许多讨论不同心理学话题的论坛。对我来说，这是一个新时代的开始：在花了一整晚的时间探索新的虚拟空间后，我报名参加了一个涉及艺术（写作、绘画、拍照等）的心理治疗师论坛。从那一刻起，我的生活改变了。我没有想到的是这个虚拟团体会成为我日常生活、我的心灵和我生活的其他方面的重要部分。我以后会分享很多关于这个团体的例子，就希望而言，没有时间和空间限制地加入团体的新可能性给了我很多希望。

另一个例子取自专为乱伦幸存者设立的网站。这个网站包括许多这些女性的博客。在一项由劳夫曼和米罗（Raufman，Milo，在出版中）进行的研究中发现，这些博客最有力的方面之一是，一些女性在博客上第一次讲述她们悲伤、可怕的个人故事。在一个给她们带来安全感的伪装身份的掩护下，她们谈论了她们的持续创伤性经历，在那之前这是一个隐藏的秘密，现在她们能够袒露她们的故事并用艺术的方式表达（图纸、图片）出来，这给这些博主带来了希望的感受，这希望本身就是治愈性的。在这个例子中，希望重塑似乎与前面提到的那种欢欣鼓舞的感觉有关，这种欢欣鼓舞与超越时间和空间的限制，甚至超越人体的物理存在的能力有关。博主们将她们的故事永久地留在了互联网上。这种喜悦不仅源于声音和见证等实际层面，也源于对人类生存的脆弱性的痛苦认识，即对我们肉体死亡的局限性的认识与我们对死亡的恐惧密切相关。在网上写博客提醒我们，心灵是永恒和无限的，而人体是有限的和有生命的。我们可以肯定地说，这一切都与亚隆的存在意识因子有关。这些因子显然也存在于支持性团体中，在互联网上大量存在，用于应对潜在的绝症，如癌症和艾滋病。

谈到博客，我们就会想到一个与在线忏悔网站相关的话题，人们会匿名登录在这些网站上，发布一份忏悔或公开一个秘密。因为作者不知道谁会读他们的自白，似乎他们想要的就是发泄。在网站上坦白就像把什么东西"拿出来"，而且是基于这样一个假设：当不好的感觉被释放出来后，它的危害性就会降低。这实际上类似于疗效因子中的宣泄或把事情说出来。特克（2011）采访了发布这些自白的人，发现他们中的一些人在网站上坦白后感觉确实好些了，但这并不能促使他们与被他们伤害过的人交谈或试图弥补被他们伤害的人。一个有趣的问题是，宣泄本身是否具有治疗作用，因为它会让人们感觉更好，还是会帮助人们改变一些行为，并在他们感到内疚时请求他人的原谅？

在论坛中，人们不仅对着一个没有人脸的屏幕坦白，而且还会在表达自己的情绪后与他人互动，这种宣泄作用无疑是有效的。还记得在第六章中描述的团体心理治疗论坛上的电子邮件交流吗？一位论坛成员表达了他失去新生儿后的心碎之情。我在这里重复他的观点，因为它很好地描述了伴随宣泄的强烈情绪：

> 我的心都碎了——言语无法表达我的悲痛，直到现在我才意识到这种痛苦的深度是无法理解的。我感到一波又一波可怕的悲伤和彻底的困惑。我确信愤怒将会到来，尽管它还没有表现出来。（个人沟通，团体心理治疗论坛，2000年7月2日）

在这种情况下，随着他的话在其他人心中产生共鸣和他们的共情反应，宣泄效果似乎被放大了。我们应该记住，有时候，当我们分享我们的负担时，其他人，尤其是在匿名网络上，可能会利用我们的脆弱性来达到他们自己的目的。人们讲述他们悲伤的故事，希望得到共情的回报。互联网的真实性取决于在特定论坛上形成的凝聚力和氛围。

亚隆和莱斯茨（2005）提到，疗效因子并不是相互分离的，很多时候是相互作用的。如果我们回到乱伦幸存者的博客，似乎希望因子与其他因子密切相关，如普遍性和利他主义。与她们所受到的敌意、羞辱和麻木不敏的态度（不仅来自施暴者，也来自她们的家人）不同，在互联网上，博主/幸存者得到了不同的态度——热情、尊重、理解，或至少倾听。这种态度不仅仅是表达支持，还清楚地体现了普遍性："我知道你在说什么。我也经历过同样的事情。"参与者感到有必要，甚至有责任站在受创伤的姐妹们的身边，创造一个利他主义取代虐待、疏远转化为支持的新世界，从绝望的深渊打开一扇希望之门。共情者们也会得到回报——体验她们自身的效能，这反过来又会增强她们对个人力量和作用的感觉。这是一个互惠的过程。

请记住，普遍性在性虐待团体中尤其重要，在互联网上，它甚至可能具有更大的潜力和影响。由于互联网跨越了国家和大陆的边界，作者感到他或她自己独特的经验被来自不同文化和地理位置的人所共享，特别是当回应来自世界各地的时候。关于受性虐待妇女论坛，许多妇女公开表示，她们第一次感到她们并不孤单。多年来，她们感到内疚、羞耻、孤独，并保守秘密。在那个网站上，她们不仅发现了一只倾听的耳朵和一双支持的手，而且她们的反应也粉碎了那些认为她们是不正常的、"她们有问题"或者她们对发生在她们身上的事情感到内疚的迷思。网站上的女性以有力而感人的方式回应彼此，分享她们个人的详细故事，为理解和重构虐待事件作出持续的努力，也提供了应对创伤的有用细节，包括从法律问题到在创伤阴影下与新伴侣建立联系的建议。尽管她们中的一些人可能从其他渠道（例如，福利机构、治疗师、关于虐待的专业文献、媒体）听到过这样的建议，但没有什么能与一个经历过同样恐怖事件的女人所提供的建议相提并论。

以上是传递信息因子的一个很好的例子。遭受过虐待的女性互相分享并更新信息，告诉对方如何选择起诉施虐者，并充分认识到她们所经历的事情是变态且反常的。已经在论坛外透露自己秘密的女性与她们的"姐妹们"分享了这一戏剧性行为的后果，并鼓励她们也这样做。该网站上有一个名为"有用信息"的特殊文件夹，其中可以找到理论和实践材料，包括统计数据、创伤后应激障碍（PTSD）综合征的描述和性虐待的可能后果，如分离性身份障碍，以及其他相关页面的链接。

这在网络空间中并不新鲜，正如我们所知，许多各种各样的论坛都致力于传播和交换信息。想想那些分享烹饪食谱和在家庭问题上交换有用建议的论坛，或者是那些正在接受不孕症治疗和分享医疗中心和医疗程序的妇女论坛。这里有成千上万的问答论坛，内容涉及健康、金融、政治、房屋装修、育儿、书籍出版、法律咨询以及人们感兴趣的任何其他问题。在所有这些论坛上除了分享的信息之外，还有一种感觉，即我们不必独自一人，不必独自在日常生活中挣扎。我们都是"一个人类组织（矩阵）"，我们可以从别人的经验中学习。

正如在第五章和第六章中提到的，网络论坛的凝聚力是相当令人惊讶的，因为我们谈论的是一个边界非常宽松的大型团体，人们可以很容易地退出，会员是不稳定的。然而，正如第六章所解释的那样，核心团体要对形成有凝聚力的小型团体的错觉负责。

通过论坛的交流，团体凝聚力得到了明显增强，尤其对青少年而言，他们正处于一个新阶段，与同龄人的认同有助于形成新的身份，这取代了对父母的主要认同，取代了成为家庭一员的认同。人际学习是另一个疗效因子，它存在于青少年在网络空间会谈的经历中。

凝聚或者不凝聚？

尽管有如上所示的大量证据，但对于虚拟团体凝聚力的存在，我们需要记住霍珀的第四个基本假设——不凝聚。这一假设在本书中多次提到（如第二章），在大型团体中非常普遍。由于网络团体是伪装成小型团体的大型团体（见第六章），我们可以预期在这些团体中也会发生不凝聚现象。

> 在一个由美国某个州的治疗师们组成的且已经存在了好几年的网络论坛上，成员们觉得小组非常有凝聚力和亲密感，其中一位参与者建议进行一次面对面的会谈。然后论坛分为两大阵营：一是对有机会见到自己的虚拟朋友感到兴奋并参加会谈的人；二是更愿意在虚拟空间中保持关系的人。会后，没有参加会谈的人感到被排斥、受到伤害和自己的声音没有被听到，而参加会谈的人则感到被误解和受到攻击。论坛变得越来越分裂，讨论中经常出现冲突，团体进程逐渐分裂。（为保密起见，省略论坛名称）

我们如何理解这种矛盾的结果，即虚拟团体感觉非常有凝聚力，而面对面会谈的插入却造成了不凝聚和分裂？在这起事件中，人们对网络论坛的两种看法似乎发生了冲突：一种观点认为论坛提供了一种舒适的方式来满足人们的需求，而省去了旅行、时间限制和承诺等方面的成本和麻烦，而另一种观点则强调论坛是一个虚拟的空间，具有独特的潜力，其力量来自它的非具身特征。许多论坛成员将这种虚拟空间视为一种创造或增加"奇妙体验"的环境，允许他们遇见"现实"空间中被压抑或未被表达的自我部分。一次面对面的会面破坏了这个重要的幻想。网络有一种潜力，它能模糊现实与幻想、身体与心灵的边界，不仅被视为增加了自我表达的潜力，而且象征着人类精神的自由，就像虚拟论坛一样，不受时空的限制。

这些因子并不总是能在网上找到

网上也能找到原生家庭的矫正性重现吗？乍一看似乎不太可能，但在阅读这一章的作者之一（劳夫曼）的个人报告之后，我们的想法可能会有所改变，以下是她在之前提到的涉及艺术的心理治疗师的论坛中的经历（实际上描绘了额外的因子，例如凝聚力）：

> 很快，令人惊讶的是，这个论坛在我的生活中变得有意义。我发现自己幻想着与不同的参与者互动，热切地等待着新发布的信息，在脑海中反复思索着发布什么以及如何回应他人，并试图解决与这个团体相关的强大情感体验。作为论坛的新成员，我向大家介绍了自己，但是没有得到任何回应和回音。很难理解为什么我的介绍在虚拟环境中没有得到回答，正如第六章所提到的，想象空间是向无尽的投射开放的。对我来说，这种经历就好比一个刚出生的孩子加入一个已经建立起来的家庭，他的哥哥姐姐都太忙了，没有时间指导这个新手加入团体。这种经历由于我的家庭背景而加强，因为我是几个姐妹中最小的一个。然而，虚拟团体的历史可以很容易地从过去的交流信息中检索到。我发现自己在研究论坛的过去，阅读以前的帖子，了解成员的情况、他们的关系、团体氛围以及哪些帖子得到了回应，哪些帖子被忽视等等。随着时间的流逝，我找到了属于这个团体的方式，用一种有意义的方式表达自己，在这个新家庭中确立自己的地位。有一天，论坛上出现了一位新成员，她作了自我介绍，并展示了一件艺术作品，邀请别人回复。这种加入团体的方式和我的很不一样，我很犹豫地介绍了自己，我不敢展示一件艺术品，也不敢要求回应。论坛成员很快对这位新来者作出了回应，称

赞她的艺术作品。这是我人生中第一次有了一个"小妹妹",尽管我们谈论的是一个虚拟的妹妹,但竞争和嫉妒的感觉根本不是虚拟的。

这份自我报告显示,家庭动力可以很容易地在网络论坛上重复和重演。作者不认识这个新人,也不知道她长什么样,从来没见过她,只看到每个论坛成员在自己的身份卡上写的很少的细节,这让我们更加意识到,虚拟的环境给论坛成员带来了非常具体和真实的感受。这种典型的网络空间中的非具身性,与我们在面对面的团体中遇到的具身互动是如此不同,它促进了与作者内在感受的强烈联系,并让她深入探索她的嫉妒体验及其起源。这让她从一个新的角度去理解在她进入他们的家庭时她最初的家庭成员的感受。这是一种强烈的体验,伴随着自我解放和创造性玩耍的喜悦,尤其是在一个与艺术有关的论坛背景下,成员们在这里展示故事、诗歌、图片和绘画,并创造性地讨论它们。

然而,虽然网络论坛似乎可以重建家庭动力,而且从上面的例子中可以清楚地看出,原生家庭经验是论坛成员经历的过程的一部分,但它并不总是必然导致矫正性重现。显然,(至少)有两种可能的方法来处理非面谈的论坛,并填补家庭动力上演时的空白:要么使用投射,从而重复过去的经验并且多次再次受伤,如果这些动力是有害性的(有时是这样,在使用投射之后,甚至在未解决的冲突中见诸行动之后),要么转向内心,探索内心感受,从经验中学习到关于自身的有价值的东西。

我们假设人们在这些选项中作出选择是基于他们的人格和利用投射进行自我探索的倾向。然而,由于互联网并不是一个足够安全的环境,而且也没有治疗师在网上帮助探索内在问题(当然,这不是他们的任务），大多数情况下，在互联网上很难找到原生家庭经验的矫正性重现因子（除非有一个善于互动的参与者在没有治疗师的情况下扮演这个角色）。

网上独特的疗效因子

温伯格和魏夏特（Weinberg，Weishut，2012）在讨论大型团体中的亚隆因子时，发现了一些亚隆没有提到的独特因子，可能是因为这些因子在小型团体中通常比较罕见，在大型团体中比较典型。在第六章中，网络论坛被描述为一个大型团体，却给人一个小型团体的错觉。这也要求我们检测这些因子，这些因子在网络团体中更为典型。社会表征和权力斗争这两个因子在大型团体中是可以找得到的，也是突出的，但在小型团体中却几乎不存在。

温伯格和魏夏特（2012）认为，社会表征作为疗效因子在大型团体中发挥作用，可以被视为相当于在小型团体中发挥作用的原生家庭的矫正性重现。如果在大型团体中是这种情况，那么在虚拟团体中当然也是如此。在网上，就像在大型团体中一样，我们可以发现成员的多样性，他们来自不同国家，有着不同的文化、种族、宗教背景，性别和年龄也不同。网络空间为了解社会内部的大量多样性和个人的定位提供了绝佳的可能性。因此，参加网络论坛会更加让人觉得自己是"世界公民"，可以与许多不同的、有趣的、来自其他陌生文化的人进行互动和联系。不用说，在互联网时代之前，不可能有这样一个机会，可以轻松地与这种多样性连接在一起，并从这么多人的不同经历中学习。

温伯格和魏夏特（2012）提到的另一个大型团体特有的额外因子——权力斗争，也可以在虚拟环境中检测到，但程度较低。如前所述，在网络论坛中出现了许多大型团体的典型动力：其中之一是参与者害怕表达自己的声音以及害怕自恋受伤，比如当一个人最终写下一些东西，然后这些声音似乎消失在网络空间时。它迫使参与者努力解决脆弱的问题，以及他们准备冒多大的风险，因为在虚拟团体中可能感到被拒绝和无足轻重。网络空间提供了一个社会环境，可以成为一个很好的游乐场，让成员来行使自己的权利和探索自己对社区的影响。在大型团体中，很多人都会问自己一个问题："我敢扰乱这个世界吗？"在网上，这个问题更加突出，因为这无尽的空间实际上被视为"世界"。归属于网络论坛和讨论团体，与来自远方的人们连接在一起，与我只曾梦想过的文化交流，让我有种"世界就在我的指尖"的强烈感觉。参与网络论坛可以赋予人力量，帮助一个人获得内在的自信。这里引用了特克的书（2011，p.168）中一位大三学生的话："我觉得我是一个更大的事物的一部分——网络、世界。这对我来说变成了一个事物，而我是这件事物的一部分。还有那些人，我不再把他们看成是独立的个体，真的。他们是这个更大事物的一部分。"

总　结

亚隆的疗效因子组合在小型团体中很重要，在互联网上也存在。其中一些（如普遍性和希望）甚至在网络空间社区和网络论坛中得到加强。其他的（如对原生家庭的矫正性重现）在互联网上就不那么容易找到了，这取决于参与者和特定团体的自我反思能力。

研究和个人经验都清楚地表明，一个网络论坛可以变得有凝聚力（通常通过一个核心团体），而普遍性是网络空间的一个常见因子。人们强烈地感觉到他们并不孤单，许多人认同他们的处境。事实上，与面对面的小型团体相比，在互联网上的普遍性可能更强，因为来自不同国家和文化的人们的支持和承认反应加强了写作者并不孤单的感觉，他／她的独特经历为其他人所共享。普遍性将不同的人团结在一起，因为他们与他们的网络社区共享相似的想法、感觉、恐惧和／或反应。

研究发现，宣泄、希望重塑、传递信息和利他主义在网络支持团体中也有帮助。希望重塑和存在意识因子在互联网上被放大，仅仅因为互联网被视为一个无限永恒的空间。超越时间和空间的限制的能力真是非常地激励人心和鼓舞希望。网络空间的这种可能性以一种微妙的方式处理了最基本的存在焦虑之一——对死亡的恐惧。

在本章中，亚隆的大部分因子被描述为在互联网上发挥作用，改善人们的福祉。有一个因子可能并不适用于每个人，那就是对原生家庭的矫正性重现。原生家庭动力可能会被激活和重演，但对这些事件的矫正性使用则有赖于参与者自己，而且可能只有使用反思性思维的人可以在网络团体中详细探讨这些议题。

除了众所周知的亚隆因子之外，网络上还存在着社会表征、权力斗争等大型团体的典型因子，使得网络成员能够从自己在网络社区的经验中受益。而在网上，我们感觉更强大。一旦我们从杂乱的生活中解脱出来，我们就会觉得我们已经克服了一些常见的人类限制和局限。成长、改变和社会实验的潜力有助于团体的凝聚力和成员感知到的团体的有用性。总之，网络提供了一个令人兴奋的、强大的和独特的空间。网络空间实际上是一个巨大的过渡空间（Winnicott，1987），人们有无限的可能去玩、实验、幻想和想象：这就是为什么它体现了治疗潜力。

结论

　　网络是一个巨大的潜能空间，是终极游乐场，在其中人们可以创造性地修通任何关系、团体或社会中存在的基本人类困境。通过检验网络论坛这个游乐场，我们可以探索这些困境和各种需求之间的冲突。在这本书中，我识别并探索了这些困境以及冲突化的需求，讨论了它们在网络空间的悖论，因为网络允许不同于面对面关系和面对面团体的解决方案。大多数情况下，这些解决方案创造性地包含了双赢策略，而不是非赢即输的策略。

　　以下是在互联网上的团体中可以看到的，有关团体参与和亲密关系的主要议题和矛盾。本书对这些内容进行了描述和分析，并提出了主要结论：

- 承诺的水平：参与一个在线团体时可以对关系中参与和承诺的程度进行调节。不同于面对面的团体会期待人们始终保持同样的情感投入程度，在线团体的参与者可以在某个时间深度参与，同时在其他时间（由于日常生活的压力、缺少时间或情绪超载）更少参与，后退到一个观察的位置。在网络连接中，这种参与团体或关系的起起落落是正常的和被接纳的。

- 依赖与独立：在网络上，人们可以更好地处理依赖／独立，或者失去自由、被关系吞没的恐惧／完全独立且孤立的困境。这是一种向他人卸下防备的需要和将自己体验为一个独立的主导者和控制者的需要之间的冲突。网络团体帮助我们意识到不要忽视我们都有卸下防备的需要——体验到并不是所有的事情都要靠我们自己，并且可以信任外界有仁慈的力量，我们可以放下自己：一种我们与其他人和更超越性的存在相联系的感受。

- 亲密和网密：亲密需要隐私，包括自我表露、降低私人边界、"我-汝"关系。网密（E-ntimacy，典型的网络关系）则包括归属、感化和汇合。它基于一种关于相似性的幻想，这在网上被认为是正常的，当两个或两个以上的人同意在非具身的情况下拥有一段关系时，它就会发展起来。

- 单一的自我状态与多重的自我状态：互联网允许我们感知和实践不同的自我状态，而不会变得病态。它帮助我们接受我们的主体性是一个局部的、多形态的、多层次的、去中心化的自我的观点，并将自我进行深入地整合描述，作为一个多重的、不连续的自我，同时又是整合的、连续的、统一的、中心化的自我。

- "自我感""我们感"和"间性存在"：网络文化在满足个人个性需求的同时，也满足了一个人在人际关系上的需求，满足了一个人对社区的归属需求和为他人作贡献的需求。一个人可以在属于一个互联网团体的同时保持自主权，而通常不需要作出加入社区所需要的妥协。

- 多样性与统一性：网络文化允许多样性（我们在这里可以找到不同的声音、个体、文化，甚至共存的语言），同时也允许统一性（我们都属于这个万维网和感到彼此连接着）。

- 小型团体与大型团体：网络论坛是一种新型的团体，有些过程类似于面对面的小型团体，有些动态类似于大型团体，同时仍然表现出网络团体特有的其他心理现象。这是一个有让人有小型团体错觉的"在黑暗中"的大型团体。

- 团体带领者的在场：这种新型的团体需要论坛领导者采取一种不同以往的在场和动力管理，包括处理持续出现的理想化。

- 网络论坛增强了成员在他人在场时的独处能力：与其他论坛成员一起玩的能力，记住他们的虚拟在场，将物理实体的团体转化为想象中的虚拟内在化团体。论坛领导者的在场，包括上文提到的他/她的理想化，对成员发展这种能力至关重要。

- 关心他人与侵犯他人：互联网团体解决了一个两难问题，即对他人感兴趣和关心如何被视为侵犯他人。网络论坛的成员不太倾向于过于谨慎，从而孤立受苦的人，但也不会走到另一个极端，强制他人暴露侵犯他人隐私边界的信息。在这些论坛上，特别是在领导者明确在场的情况下，人们会发展出极大的关心。

- 亚隆的疗效因子：亚隆的疗效因子大多存在于网络团体中，有助于网络团体的治疗效果。它们让人感觉到凝聚力，增强了希望和普遍性。存在意识因子在互联网上被放大，因为人们认为它超越了时间和空间的限制。对很多人来说，参与网络团体可以给许多人赋能。

我并不是要忽视网络交流的危险和威胁。因为互联网除了文字线索之外什么都没有，所以它为大规模投射提供了完美的环境。然而，一旦我们意识到这些危险，我们如何处理这些投射是由我们自己决定的，这里有两种极端化的可能性。一种是把别人放在坏客体的位置上，歪曲他们所写的东西来证明他们的消极敌对意图。这是一种偏执分裂心位。另一种是将自我理想投射到网络空间的其他人身上，并认为他们都很好（这是一种疯狂的补偿吗？）。显而易见，对与我们交往的人保持一种现实的看法和平衡的态度，记住他们（隐藏的）主体性，比这两种极端都更有益。

在这本书中，我探索了网络团体和论坛的典型动力。我使用的例子和一些文字片段都来自论坛，而不是治疗团体。那些忠诚地跟随我到现在的读者们，自然很想知道这些现象对在线治疗团体的启示。完全探索这些问题超出了这本书的范围，但有证据表明，基于互联网的疗法是快速增长的，网络心理健康（E-mental health）可以有助于更好的精神卫生保健（这方面详尽资料的总结，可以参看肯尼斯·迫普的网站上有关远程心理学、远程医疗以及网络治疗的内容，其中包括132篇近期的论文和许多专注于在线咨询和网络治疗的专业指南）。网络认知行为疗法已经在许多试验中进行了测试，发现在治疗焦虑和情绪障碍方面是有效的（例如，Hedman et al.，2011）。巴拉克和旺德-施瓦茨（Barak & Wander-Schwartz，2000）在2000年的开创性研究，以及后来的研究（例如，Golkaramnay，Bauer，Haug，Wolf & Kordy，2007）都清楚地表明，网络团体治疗除了节约成本外，还有许多其他好处。虽然我不认为我们可以放弃面对面的治疗团体，虽然我相信亲眼见到团体成员的体验是无可替代的，但我相信在线治疗团体是有效的。然而，如果治疗师想要组织这样的在线团体，他们应该事先明确知道会发生什么，以及需要什么技能。仅仅以心理学为导向，甚至具备一些心理治疗团体的知识是不够的。在线的团体指挥者应该掌握专门的知识，并为这一精细复杂的干预措施开发特定的技能。事实上，在带领一个在线治疗团体，甚至是一个论坛之前，有专门的培训和/或个体或团体督导，这是一种伦理要求。

　　我希望这本书将是教育治疗师走向专业培训的第一步，但是当然，在线团体治疗领域和熟练的在线团体指挥者的培训依旧处于萌芽阶段。然而，由于这本书并不是专门针对在线治疗团体的，我相信在阅读这本书后，不管你是不是治疗师，你都会对网络上的团体动力有更多的了解。

参考文献

Agazarian, Y. M, (1997). *Systems-centered Therapy for Groups*. New York: Guilford Press.

Altman, N. (2010). *The Analyst in the lnner City: Race, Class and Culture Through a Psychoanalytic Lens* (2nd edn). New York: Routledge.

Anzieu, D, (1984). *The Group and the Unconscious*. London: Routledge.

Anzieu, D. (1999). The group ego-skin. *Group Analysis*, 32: 319-329.

Argyle, M., & Dean, J. (1965). Eye-contact, distance and affiliation. *Sociometry*, 28:289-304.

Aron, L. (1996). *A Meeting of Minds*. Hillsdale, NJ: Analytic Press.

Aron, L., & Starr, K.E. (2013). *A Psychotherapy for the People: Toward a Progressive Psychoanalysis*.

New York: Routledge.

Avatar (2009). Film, directed by J. Cameron. US.

Aziz-Zadeh, L., Wilson, S. M., Rizzolatti, G., & Iacoboni, M. (2006). Congruent embodied representations for visually presented actions and linguistic phrases describing actions. *Current Biology*, 16: 1818-1823.

Barak, A. (2007). Emotional support and suicide prevention through the Internet: a field project report. *Computers in Human Behavior*, 23(2): 971-984.

Barak, A., & Grohol, J. M. (2011). Current and future trends in Internet-supported mental health interventions. *Journal of Technology in Human Services*, 29(3): 155-196.

Barak, A., & Wander-Schwartz, M. (2000). Empirical evaluation of brief group therapy conducted in an internet chat room. *Journal of Virtual Environments*, 5.

Barratt, B. B. (1993). *Psychoanalysis and the Postmodern Impulse*. Baltimore, MD: John Hopkins University Press.

Barzilai, G. (2003). *Communities and Law: Politics and Cultures of Legal Identities*. Ann Arbor, MI: Michigan University Press.

Beck, A. P. (1981). Developmental characteristics of the system-forming process. In: J. E. Durkin (Ed.), *Living Groups: Group Psychotherapy & General System Theory* (316-332). New York: Brunner/ Mazel.

Benjamin, J. (1998). *Shadow of the Other: Intersubjectivity and Gender in Psychoanalysis*. New York: Routledge.

Berman, A., Berger, M., & Gutmann, D. (2000). The division into Us and Them as a universal social structure. *Mind and Human Interaction*, 11(1): 53-72.

Bersani, L., & Phillips, A. (2008). *Intimacies*. Chicago, IL: University of Chicago Press.

Bion, W. R. (1959). *Experiences in Groups and Other Papers*. New York: Basic Books.

Bion, W. R. (1984). *Transformations*. London: Karnac.

Blackwell, D. (1994). The psyche and the system. In: D. Brown & L. Zinkin (Eds.), *The Psyche and the Social World* (pp.27-46). London: Routledge.

Blackwell, D. (2002). The politicization of group analysis in the 21st century. *Group Analysis*, 35(1):105-118.

Bodley, J. H. (1994). *Cultural Anthropology: Tribes, States, and the Global System*. New York: McGraw Hill.

Brewer, N. B. (1991). The social self: on being the same and different at the same time. *Personality and Social Psychology Bulletin*, 17: 475-482.

Bromberg, P. M. (1996). Standing in the spaces: the multiplicity of self and the psychoanalytic relationship. *Contemporary Psychoanalysis*, 32: 509-535.

Brown, D. (1994). Self development through subjective interaction. A fresh look at "Ego Training on Action". In: D. Brown & L. Zinkin (Eds.), *The Psyche and the Social World* (pp.80-98). London: Routledge.

Brown, D. (2001). A contribution to the understanding of the social unconscious. *Group Analysis*, 34(1): 29-38.

Brown, D., & Zinkin, L. (Eds.) (1994). *The Psyche and the Social World*. London: Routledge.

Buckley, W. (1967). *Sociology and Modern Systems Theory*. Englewood Cliffs, NJ: Prentice-Hall.

Burman, E. (2002). Gender, sexuality and power in groups. *Group Analysis*, 35(4): 540-559.

Burman, E. (2004). Organising for change? Group-analytic perspectives on a feminist action research project. *Group Analysis*, 37(1):91-108.

Carrithers, M. (1992). *Why Humans Have Cultures: Explaining Anthropology and Social Diversity*. Oxford: Oxford University Press.

Christopher, J. C. (2001). Culture and psychotherapy: toward a hermeneutic approach. *Psychotherapy*, 38(2):115-128.

Cohen, B. D. (2002). Groups to resolve conflicts between groups: diplomacy with a therapeutic dimension. *Group*, 26(3):189-204.

Cohen, B. D., Ettin, M. F., & Fidler, J. W. (1998). Conceptions of leadership. the "analytic stance" of the group psychotherapist. *Group Dynamics: Theory, Research, & Practice*, 2:118-131.

Cohen, B. D., Ettin, M. F., & Fidler, J.W. (Eds.) (2002). *Group Psychotherapy and Political Reality: A Two-Way Mirror*. Madison, CT: International Universities Press.

Cole, M. (1996). *Cultural Psychology*. Cambridge, MA: Harvard University Press.

Corey, G. (1994). *Theory and Practice of Group Counseling*. Pacific Grove, CA: Brooks / Cole.

Correa De Jesus, N. (1999). Genealogies of the self in virtual-geographical reality. In: A.J. Gordo-Lopez & I. Parker (Eds.), *Cyberpsychology* (pp.77-91). Houndmills: Macmillan Press.

Cozolino, L.(2006). *The Neuroscience of Human Relationships: Attachment and the Developing Social Brain*. New York: Norton.

Csikszentmihalyi, M. (1990). *Flow: The Psychology of Optimal Experience*.

New York: Harper & Row.

Dalal, F. (1998). *Taking the Group Seriously: Towards a Post-Foulkesian Group Analytic Theory*. London: Jessica Kingsley.

Dalal, F. (2001). The social unconscious: a post-Foulkesian perspective. *Group Analysis*, 34(4):539-555.

Davidson, B. (1998). The internet and the large group. *Group Analysis*, 31(4): 457-471.

Davies, J. (2006). "Hello Newbie! big welcome hugs hope u like it here as much as I do!": an exploration of teenagers informal online learning. In: D. Buckingham & R.W. Mahwah (Eds.), *Digital Generations: Children, Young People and New Media* (pp.211-229). New-Jersey and London: Lawrence Erlbaum.

de Maré, P. (1975). The politics of large groups. In: L. Kreeger (Ed.), *The Large Group: Dynamics and Therapy*. London: Constable.

de Maré, P., Piper, R., & Thompson, S. (1991). *Koinonia: From Hate through Dialogue, to Culture in the Large Group*. London: Karnac.

Derrida, J. (1974). *Of Grammatology*. Baltimore, MD: John Hopkins University Press.

Eagle, M. N., & Wolitzky, D. L. (1992). Psychoanalytic theories of psychotherapy. In: D. K. Friedheim (Ed.), *History of Psychotherapy: A Century of Change* (pp.109-158). Washington, DC: American Psychological Association.

Elias, N. (1978). *The Civilizing Process*. Oxford: Basil Blackwell.

Elias, N. (1989). *Theory, Culture, Society*. London: Sage.

Elias, N. (1991). *The Symbol Theory*. London: Sage.

Erikson, E. H. (1950). *Childhood and Society*. New York: Norton.

Ettin, M. F., Cohen, B. D., & Fidler, J. W. (1997). Group-as-a-whole theory viewed in its 20th century context. *Group Dynamics: Theory, Research & Practice*, 1: 329-340.

Fehr, S. S. (1999). *Introduction to Group Therapy: A Practical Guide*. New York: Haworth Press.

Finn, J. (1999). An exploration of helping processes in an online self-help group focusing on issues of disability. *Health & Social Work*, 24: 220-232.

Foguel, B. S. (1994). The group experienced as mother: early psychic structures in analytic groups. *Group Analysis*, 27: 265-285.

Foster, R. (1992). Psychoanalysis and the bilingual patient: some observations on the influence of language choice on the transference. *Psychoanalytic Psychology*, 9(1): 61-76.

Foulkes, S. H. (1948). *Introduction to Group Analytic Psychotherapy*. London: Heinemann.

Foulkes, S. H, (1964). *Therapeutic Group Analysis*. London: Allen and Unwin [reprinted London: Karnac, 1984].

Foulkes, S. H. (Ed.) (1967). *Group Analysis International Panel and Correspondence*. London: Group Analytic Society.

Foulkes, S. H. (1973). The group as matrix of the individual's mental life. In: L. R. Wolberg & E. K. Schwartz (Eds.), *Group Therapy 1973—An Overview*. New York: Intercontinental Medical Book Corporation.

Foulkes, S. H. (1975). *Group Analytic Psychotherapy, Method and Principles*. London: Gordon & Breach.

Foulkes, S. H. (1990). *Selected Papers: Psychoanalysis and Group Analysis*. London: Karnac.

Foulkes, S. H, & Anthony, E. J. (1965). *Group Psychotherapy: the Psychoanalytic Approach*. Harmondsworth: Penguin [reprinted London: Karnac, 1984].

Freud, S. (1921c). *Group Psychology and the Analysis of the Ego. S. E.*, 18: 65-144. London: Hogarth.

Freud, S. (1930a). *Civilisation and Its Discontents. S. E.*, 21: 57-146. London: Hogarth.

Frosh, S. (1999). *The Politics of Psychoanalysis: An Introduction to Freudian and Post-Freudian Theory* (2nd edn). New York: New York University Press.

Gantt, S. P. (2012). Functional subgrouping and the systems-centered approach to group therapy. In: J. L. Kleinberg (Ed.), *The Wiley-Blackwell Handbook of Group Psychotherapy* (pp.113-137). New York: John Wiley & Sons.

Gerson, S. (2004). The relational unconscious: a core element of intersubjectivity, thirdness, and clinical process. *Psychoanalytic Quarterly*, 73: 63-98.

Ghent, E. (1999). Masochism, submission, surrender: masochism as a perversion of surrender. In: S. A. Mitchell & L. Aron (Eds.), *Relational Psychoanalysis: The Emergence of a Tradition,* (pp.211-243). Hillsdale, NJ: Analytic Press.

Gods Must Be Crazy, The (1980). Film, directed by J. Uys. South Africa.

Golkaramnay, V., Bauer, S., Haug, S., Wolf, M., & Kordy, H. (2007). The exploration of the effectiveness of group therapy through an Internet chat as aftercare: a controlled naturalistic study. *Psychotherapy & Psychosomatics*, 76: 219-225.

Greetz, C. (1973). *The Interpretation of Cultures*. New York: Basic Books.

Guigon, C. B. (1993). Authenticity, moral values and psychotherapy. In: C.B. Guigon (Ed.), *The Cambridge Companion to Heidegger*, (pp.215-239). Cambridge: Cambridge University Press.

Halbwachs, M. (1980). *The Collective Memory*. New York: Harper & Row Colophon.

Hall, E. T. (1976). *Beyond Cultre*. New York: Doubleday.

Haraway, D. (1985). Manifesto for cyborgs: science, technology, and social feminism in the 1980s. *Socialist Review*, 80:65-108.

Hedman, E., Andersson, G., Andersson, E., Ljótsson, B., Rück, C., Asmundson, G. J. G., & Lindefors, N. (2011). Internet-based cognitive-behavioural therapy for severe health anxiety: randomised controlled trial, *British Journal of Psychiatry*, 198(3): 230-236.

Hill, R. (1972). Modern system theory and the family: a confrontation. *Social Science Information*, 10(5):7-26.

Hinshelwood, R. D. (1999). How Foulksian was Bion? *Group Analysis*, 32: 469-488.

Hofstede, G. (2001). *Culture's Consequences: Comparing Values, Behaviors, Institutions, and Organizations Across Nations*. Thousand Oaks, CA: Sage.

Hopper, E. (1996). The social unconscious in clinical work. *Group*, 20(1):7-42.

Hopper, E. (1997). Traumatic experience in the unconscious life of groups: a fourth basic assumption. *Group Analysis*, 30: 439-470.

Hopper, E. (2001). The social unconscious: theoretical considerations. *Group Analysis*, 34: 9-27.

Hopper, E. (2003). *The Social Unconscious: Selected Papers*. London:

Jessica Kingsley.

Hopper, E. (2009). The theory of the basic assumption of incohesion: aggregation/ massification of (ba) I: A/M, *British Journal of Psychotherapy*, 25(2): 214-229.

Hopper, E., & Weinberg, H. (Eds.) (2011). *The Social Unconscious in Persons, Groups, and Societies: Volume 1: Mainly Theory*. London: Karnac.

Hunt, J. (1989). *Psychoanalytic Aspects of Fieldwork*. London: Sage.

Iacoboni, M. (2008). *Mirroring People: The New Science of How We Connect With Others*. New York: Farrar, Straus, & Giroux.

Irwin-Zarecka, I. (1994). *Frames of Remembrance: The Dyamics of Collective Memory*. Piscataway, NJ: Transaction.

Jacobson, L. (1989). The group as an object in the cultural field. *International Journal of Group Psycotherapy*, 39(4): 475-497.

Jacoby, R. (1975). *Social Amnesia: A Critique of Comtemporary Psychology from Adler to Laing*. New York: Beacon.

Jones, S. G. (1997). The internet and its social landscape. In: S. G. Jones (Ed), *Virtual Culture, Identity and Communication in Cybersociety* (pp.7-35). London: Sage.

Jost, J. T. (1997). An experimental replication of the depressed entitlement effect among women. *Psychology of Women Quarterly*, 21:387-393.

Jung, C. G. (1934). The archetypes and the collective unconscious. In: *Collected Papers Vol. 9, Part 1*. London: Routledge & Kegan Paul.

Kaës, R. (1987). La Troisième Difference. *Revue de Psychotherapie Psychoanalytique de Groupe*, 9-10: 5-30.

Karterud, S. (1998). The group self, empathy,intersubjectivity and hermeneutics: a group analytic perspective. In: I. Harwood & M.

Pines (Eds.), *Self Experiences in Group: Intersubjective and Self Psychological Pathways to Human Understanding* (pp.83-98). London: Jessica Kingsley.

Kernberg, O. F. (1989). The temptations of conventionality. *International Review of Psycho-Analysis*, 16: 191-205.

Knauss, W. (2006). The group in the unconscious—a bridge between the individual and the society. *Group Analysis*, 39(2): 159-170.

Kohut, H. (1971). *The Analysis of the Self*. London: Hogarth Press.

Kraut, R., Kiesler, S., Boneva, B., Cummings, J., Helgeson, V., & Crawford, A. (2002). Internet paradox revisited. *Joural of Social Issues*, 58(1): 49-74.

Kraut, R., Patterson, M., Lundmark, V., Kiesler, S., Mukopadhyay, T., & Scherlis, W. (1998). Internet paradox: a social technology that reduces social involvement and psychological well-being? *American Psychologist*, 53(9): 1017-1031.

Kreeger, L. (Ed.) (1975). *The Large Group: Dynamics and Therapy*. London: Karnac.

Kulka, R. (1991). Reflections on the future of self-psychology and its role in the evolution of psychoanalysis. In: A. Goldberg (Ed.), *The Evolution of Self-sychology: Progress in self-psychology*, Vol. 7 (pp.175-183). Hillsdale, NJ: Analytic Press.

Lacan, J. (1977). *Ecirts: a Selection* (A. Sheridan, trans.). New York & London: Norton.

Lather, P. (1991). *Feminist Research in Education: Within/Against*. Geelong, Victoria: Deakin University Press.

Lauren, S. E. (2002). Special issue: a group analysis of class, status groups and inequality. *Group Analysis*, 35(3): 339-341.

Lawrence, G. W., Bain, A., & Gould, L. J. (1996). The fifth basic assumption. *Free Associations*, 6(37): 28-55 [reprinted in *Tongue With Fire: Groups in Experience*. London: Karnac, 2000].

Le Roy, J. (1994). Group analysis and culture. In: D. Brown & L. Zinkin (Eds.), *The Psyche and the Social World* (pp.180-201). London: Routledge.

Leibniz, G. W. (1765/1896). *New Essays Concerning Human Understanding*. (A. G. Langley, trans.) New York: Macmillan.

Leonetti, I. T. (1992). From multicultural to intercultural: is it necessary to move from one to the other? In: J. Lynch, C. Modgil, & S. Modgil (Eds.), *Cultral Diversity in the Schools* (pp.153-156). London: Falmer Press.

Lévinas, E. (1984). Ethics of the infinite. In: R. Kearney (Ed.), *Dialogues With Contemporary Continental Thinkers* (pp.47-69). Manchester: Manchester University Press [reprinted in R. Cohen (Ed.), *Face to Face with Lévinas* (pp.13-33). Albany: Suny Press, 1986].

Liebert, T. W., Smith-Adcock, S., & Munson, J. (2008). Exploring how online self-help groups compares to face-to-face groups from the user perspective. *Journal of Technology in Counseling*, 5(1).

Livingstone, S., Haddon, L., Görzig, A., & Ólafsson, K. (2011). *Risks and Safety on the Internet: The Perspective of European Children. Full Findings*. LSE, London: EU Kids Online.

Lombard, M, & Ditton, T. (1997). At the heart of it all: the concept of presence. *Journal of Computer-Mediated Communication*, 3(2).

MacKenzie, K. R. (1997). *Time Managed Group Psychotherapy: Effective Clinical Applications*. Washington, DC: American Psychiatric Press.

MacKenzie, K. R, & Livesley, W. J. (1983). A developmental model for brief group therapy. In: R. R. Dies & K. R. MacKenzie (Eds.), *Advances in Group Psychotherapy: Integrating Research and Practice* (pp.101-116) New York: International University Press.

Mahler, M. S., Pine, F., & Bergman, A. (1975). *The Psychological Birth Of The Human Infant*. New York: Basic Books.

Mantovani, G., & Riva, G. (1999). "Real" presence: how different ontologies generate different criteria for presence, telepresence and virtual presence. *Presence*, 8(5): 540-550.

Matrix, The (1999). Film, directed by A. Wachowski & L. Wachowski. USA.

McKenna, K. Y. A., & Green, A. S. (2002). Virtual group dynamics. *Group Dynamics*, 6(1): 116-127.

McKenna, K. Y. A, Green, A. S., & Gleason, M. E. J. (2002). Relationship formation on the Internet: what's the big attraction? *Journal of Social Issues*, 58(1): 9-31.

Mead, G. H. (1968). The genesis of the self. In: C. Gordon & K. Gergen (Eds.), *The Self in Social Interaction* (pp. 51-59). New York: Wiley.

Minuchin, S. (1974). *Families and Family Therapy*. Cambridge, MA: Harvard University Press.

Mitchell, S. A. (1993). *Hope and Dread in Psychoanalysis*. New York: Basic Books.

Mitchell, S. A. (2002). *Can Love Last? The Fate of Romance Over Time*. New York: Norton.

Moreno, J. L. (1934/1978). *Who Shall Survive?: Foundations of Sociometry, Group Psychotherapy, and Sociodrama* (3rd edn).New York: Beacon House.

Nitsun, M. (1996). *The Anti-group: Destructive Forces in the Group and*

Their Creative Potential. London: Routledge.

Oldenquist, A. (1988). An explanation of retribution. *Journal of Philosophy*, 41: 464-478.

Ormont, L. R. (1992). *The Group Therapy Experience*. New York: St. Martin's Press.

Ormont, L. R. (1996). The group as agent of change. In: L. B. Furgeri (Ed.), *The Technique of Group Treatment: the Collected Papers of Louis Ormont* (pp.37-45). Madison, CT: Psychosocial Press, 2001.

Parker, I. (1997). *Psychoanalytic Culture: Psychoanalytic Discourse in Western Society*. London: Sage.

Perron, B. (2002). Online support for caregivers of people with a mental illness. *Psychiatric Rehabilitation Journal*, 26: 70-77.

Perry, P. (2001). White means never having to say you're ethnic. *Journal of Contemporary Ethnography*, 30: 56-91.

Phoenix, A. (1987). Theories of gender and black families. In: G. Weiner & A. Amot (Eds.), *Gender Under Scrutiny* (pp.16-50). London: Hutchinson.

Pines, M. (1981). The frame of reference of group psychotherapy. *International Journal of Group Psychotherapy*, 31(3): 275-285.

Pines, M. (2002). The coherency of group analysis. *Group Analysis*, 35(1): 13-26.

Pines, M. (2003). Large groups and culture. In: S. Schneider & H. Weinberg (Eds.), *The Large Group Revisited: The Herd, Primal Horde, Crowds and Masses* (pp.44-57). London: Jessica Kingsley.

Plant, S. (1997). *Zeroes + Ones: Digital Women and the New Technoculture*. New York: Doubleday.

Polak, M. (2006). It's a URL thing: community versus commodity in girlfocused netscape. In: D. Buckingham & R. W. Mahwah (Eds.), *Digital Generations: Children, Young People and New Media* (pp.177-193). New Jersey and London: Lawrence Erlbaum.

Pope, C., Ziebland, S., & Mays, N. (2000). Qualitative research in health care: analysing qualitative data. *British Medical Journal*, 320:114-116.

Powell, A. (1991). The embodied matrix: discussion on paper by Romano Fiumara. *Group Analysis*, 24: 419-423.

Prilleltensky, A. (1989). Psychology and the status quo. *American Psychologist*, 44: 795-802.

Raufman, R., & Ben-Cnaan R. (2009). Red Riding Hood-text, hypertext and context in an Israeli nationalistic internet forum. *Journal of Folklore Research*, 46(1): 43-66.

Raufman, R., & Milo, H. (in press). The princess in the wooden-body: oral Israeli versions of the maiden in the chest in light of incest victims' blogs. *Journal of American Folklore*.

Ridley, M. (1996). *The Origins of Virtue*. London: Viking.

Rifkin, J. (2009). *The Empathic Civilization: The Race to Global Consciousness in a World in Crisis*. New York: Penguin.

Rippa, B., Moss, E., & Chirurg, M. (2011). Observations on the interplay between large and small analytic groups. *Group Analysis*, 44(4): 439-453.

Roberts, J., & Pines, M. (Eds.) (1991). *The Practice of Group Analysis*. London and New York: Tavistock/Routledge.

Rogers, C. R. (1957). The necessity and sufficient of therapeutic personality change. *Journal of Consulting Psychology*, 21:95-103.

Rogoff, B. (2003). *The Cultural Nature of Human Development*. New York: Oxford University Press.

Rose, S. (1997). *Lifeline*. London: Penguin.

Rutan, S. J., Stone, N. W., & Shay, J. (2007). *Psychodynamic Group Psychotherapy* (4th edn), New York: Guilford Press.

Safran, J. D, (2006). The relational unconscious, the American enchanted interior and the return of the repressed, *Contemporary Psychoanalysis*, 42: 393-412.

Salem, D. A., Bogat, G. A., & Reid, C. (1997). Mutual help goes on-line. *The Journal of Community Psychology*, 25: 189-207.

Sampson, E. E. (1989). The deconstruction of the self. In: K. J. Gerken & J. Shotter (Eds.), *Texts of Identity* (pp.1-19). London: Sage.

Sarason, S. B. (1985). And what is the public interest? *American Psychologist*, 41(8): 889-905.

Scharff, J. (Ed.) (2013). *Psychoanalysis Online*. London: Karnac.

Scheidlinger, S. (1974). On the concept of the "mother-group". *International Journal of Group Psychotherapy*, 24: 417-428.

Schermer, V. L. (2010). Mirror neurons: their implications for group psychotherapy. International Journal of Group Psychotherapy, 60(4): 487-513.

Schiff, S. B., & Glassman, S. M. (1969). Large and small group therapy in a state mental health centre. *International Journal of Group Psycho-therapy*, 19: 150-157.

Schloerb, D. W. (1995). A quantitative measure of telepresence. Presence: *Teleoperators and Virtual Environments*.4: 64-80.

Schneider S., & Weinberg H. (Eds.) (2003). *The Large Group Revisited: The Herd, Primal Horde, Crowds and Masses*. London: Jessica Kingsley.

Scholz, R. (2011). The foundation matrix and the social unconscious. In: E. Hopper & H. Weinberg (Eds.), *The Social Unconscious in Persons, Groups,* and Societies: Volume 1: Mainly Theory (pp.265-285). London: Karnac.

Schulte, P. (2000). Holding in mind: intersubjectivity, subject relations and the group. *Group Analysis*, 33(4): 531-544.

Segalla, R. A. (1996). The unbearable embeddedness of being. *Group*, 20: 257-271.

Sengun, S. (2001). Migration as a transitional space and group analysis. *Group Analysis*, 34: 65-78.

Sey, J. (1999). The labouring body and the posthuman. In: A. J. GordoLopez & I. Parker (Eds.), *Cyberpsychology* (pp.25-41). Houndmills: Macmillan.

Shields, R. (Ed.) (1996). *Cultures of Internet: Virtual Spaces, Real Histories, Living Bodies*. London: Sage.

Sidanius, J., & Prato, F. (1999). *Social Dominance: An Intergroup Theory of Social Hierarchy and Oppression*. New York: Cambridge University Press.

Stacey, R. (2000). Reflexivity, self-organization and emergence in the group matrix. *Group Analysis*, 33(4): 501-514.

Stern, D. (1985). The Interpersonal World of the Infant: A View from Psychoanalysis and Development. New York: Basic Books.

Stone, W. N. (2005). The group-as-a-whole: self-psychological perspective. *Group: The Journal of the Eastern Group Psychotherapy Society*, 29(2): 239-256.

Strozier. C. B. (Ed.) (1985). *Self Psychology and the Humanities*. New York & London: Norton.

Suler, J. (1999). Cyberspace as psychological space.

Taylor, D. M, (2002). *The Quest for Identity: From Minority Groups to*

Generation Xers. Westport, CT: Praeger.

Taylor, S. E. (1989). *Positive Illusions: Creative Self-Deception and the Healthy Mind*. New York: Basic Books.

Tubert-Oklander, J. (2006). I, thou, and us: relationality and the interpretive process. *Psychoanalytic Dialogues*, 16:199-216.

Tuckman, B. W. (1965). Developmental sequence in small groups. *Psychological Bulletin*, 63: 384-399.

Turkle, S. (1995). *Life on the Screen: Identity in the Age of the Internet*. New York: Simon & Schuster.

Turkle, S. (2011). *Alone Together: Why We Expect More From Technology and Less From Each Other*. New York: Basic Books.

Turner, J.C., Hogg, M. A., Oakes, P. J., Reicher, S. D., & Wetherell, M. S. (1987). *Rediscovering the Social Group. A Self-categorizing Theory*. Oxford: Basol Blackwell.

Turquet, P. (1974). Leadership—the individual and the group. In: G. S. Gibbard, J. J. Hartman & R. D. Mann (Eds.). *Analyses of Groups* (pp.87-144). San Francisco & London: Jossey Bass.

Turquet, P. (1975). Threats to identity in the large group. In: L. Kreeger (Ed.), *The Large Group: Dynamics and Therapy* (pp.87-144). London: Karnac.

Twenge, J. M., & Campbell, W. K. (2009). *The Narcissism Epidemic: Living in the Age of Entitlement*, New York: Fine Press.

Van der Kleij, G, (1983). The setting of the group, *Group Analysis*, 16(1): 75-80.

Volkan, V. (2001). Transgenerational transmissions and chosen traumas: an aspect of large group identity. *Group Analysis*, 34: 79-97.

Von Bertalanffy, L. (1956). General system theory. *General Systems*, 1(1): 11-17.

Walshe, J. (1995). The external space in group work. *Group Analysis*, 28: 413-427.

Weinberg, H. (2001). Group process and group phenomena on the Internet, *International Journal of Group Psychotherapy*, 51(3): 361-379.

Weinberg, H. (2002). Community unconscious on the Internet. *Group Analysis*, 35(1):165-183.

Weinberg, H. (2003a). The culture of the group and groups from different cultures. *Group Analysis*, 36(2): 253-268.

Weinberg, H. (2003b). The large group in a virtual environment. In: S. Schneider & H. Weinberg (Eds.), *The Large Group Revisited: The Herd, Primal Horde, Crowds and Masses* (pp.188-200). London: Jessica Kingsley.

Weinberg, H. (2006). Regression in the group revisited. *Group: The Journal of the Eastern Group Psychotherapy Society*, 30(1): 1-17.

Weinberg, H. (2007). So what is this social unconscious anyway? *Group Analysis*, 40(3): 307-322.

Weinberg, H., & Schneider, S. (2003). Introduction: background, structure and dynamics of the large group. In: S. Schneider & H. Weinberg (Eds.), *The Large Group Revisited: The Herd, Primal Horde, Crowds and Masses* (pp.13-26). London: Jessica Kingsley.

Weinberg, H., & Toder, M. (2004). The hall of mirrors in small, large, and virtual groups. *Group Analysis*, 37(4): 492-507.

Weinberg, H., & Weishut, D. J. N. (2012). The large group: dynamics, social implications and therapeutic value. In: J. L. Kleinberg (Ed.), *The*

Wiley-Blackwell Handbook of Group Psychotherapy (pp.457-479). West Sussex: Wiley-Blackwell.

Weinberg, N., Uken, J. S., Schmale, J., & Adamek, M. (1995).Therapeutic factors: their presence in a computer-mediated support group. *Social Work with Groups*, 18(4): 57-69.

Williamson, J. (1988). *Decoding Advertisements*. London: Marion Boyars.

Winnicott, D. W. (1958). The capacity to be alone. *International Journal of Psycho-Analysis*, 39: 416-420.

Winnicott, D. W. (1986). *Holding and Interpretation: Fragment of an Analysis*. New York: Basic Books.

Winnicott, D. W. (1987).*The Maturational Process and the Facilitating Environment*. London: Hogarth.

Yalom, I. D. (1970). *The Theory and Practice of Group Psychotherapy* (1st edn) New York: Basic Books.

Yalom, I. D. (1995). *The Theory and Practice of Group Psychotherapy* (4th edn) New York: Basic Books.

Yalom, I. D., & Leszcz, M. (2005). *The Theory and Practice of Group Psychotherapy* (5th edn). New York: Basic Books.

Yogev, H. (2012). The development of empathy and group analysis. *Group Analysis*, 46(1): 61-80.

Zerubavel, A. (2003). *Time Maps: Collective Memory and the Social Shape of the Past.* Chicago, IL: Chicago University Press.

关于作者

Haim Weinberg

　　哈伊姆·温伯格（Haim Weinberg）博士是一位拥有加利福尼亚州和以色列执业资格的心理学家及团体分析师。于2006年迁至加利福尼亚。在过去的三十年里，他作为临床心理学家为个人、伴侣、家庭和团体提供心理治疗，同时为实习生和初级心理学工作者提供督导。他任教于伯克利莱特学院、萨克拉门托联合国际大学，同时指导萨克拉门托心理学专业学校团体心理治疗博士课程。他曾担任以色列团体心理治疗协会的主席，目前为美国团体心理治疗协会（AGPA）会员，国际团体心理治疗协会（IAGP）会员，以色列团体治疗协会荣誉会员，以及团体分析协会（GAS）会员。

图书在版编目（CIP）数据

网络团体的悖论：他人在场时的孤单 / (美) 哈伊姆·温伯格 (Haim Weinberg) 著；佘炤灼译. -- 重庆：重庆大学出版社, 2025.7. -- (心理咨询师系列).

ISBN 978-7-5689-5319-1

Ⅰ. TP393.4-05

中国国家版本馆 CIP 数据核字第2025K1M767号

网络团体的悖论：他人在场时的孤单
WANGLUO TUANTI DE BEILUN: TAREN ZAICHANG SHI DE GUDAN

[美] 哈伊姆·温伯格（Haim Weinberg）　著
佘炤灼　译

鹿鸣心理策划人：王　斌
策划编辑：敬　京
责任编辑：敬　京
责任校对：王　倩
责任印制：赵　晟

*

重庆大学出版社出版发行
出版人：陈晓阳
社址：重庆市沙坪坝区大学城西路 21 号
邮编：401331
电话：（023）88617190　88617185（中小学）
传真：（023）88617186　88617166
网址：http://www.cqup.com.cn
邮箱：fxk@cqup.com.cn（营销中心）
全国新华书店经销
印刷：重庆市正前方彩色印刷有限公司

*

开本：720mm×1020mm　1/16　印张：14　字数：189 千
2025 年 7 月第 1 版　　2025 年 7 月第 1 次印刷
ISBN 978-7-5689-5319-1　　定价：78.00 元

版贸核渝字（2019）第178号